水科学博士文库

U0269795

Impact Assessment of
Reclaimed Water Irrigation on Facilities Habitat

再生水灌溉对设施生境的
影响及效应评估

李平　齐学斌　郭魏　张建丰　著

中国水利水电出版社
www.waterpub.com.cn
·北京·

内 容 提 要

本书以再生水农业安全利用和生态环境保护为主要目标，系统地总结了近年来再生水灌溉对设施生境及作物生长影响的研究成果。全书共 7 章，包括绪论、再生水灌溉对土壤氮素演变特征的影响、再生水灌溉对土壤酶活性的影响、再生水灌溉对土壤微生物群落结构的影响、再生水灌溉土壤氮素矿化特征与模拟、再生水灌溉对农作物产量和品质的影响、再生水灌溉对设施生境因子演变的影响。本书为构建设施农业再生水农业安全利用技术奠定了重要的研究基础，兼具理论性、实践性。

本书可供农业、水利、环保及生态等领域的广大科研工作者、工程技术人员阅读，也可供大专院校相关专业师生参考。

图书在版编目（ＣＩＰ）数据

再生水灌溉对设施生境的影响及效应评估 / 李平等著. -- 北京：中国水利水电出版社，2019.10
（水科学博士文库）
ISBN 978-7-5170-8130-2

Ⅰ．①再… Ⅱ．①李… Ⅲ．①再生水－灌溉－影响－土壤环境－环境质量－研究 Ⅳ．①X833

中国版本图书馆CIP数据核字(2019)第248553号

书　　　名	水科学博士文库 **再生水灌溉对设施生境的影响及效应评估** ZAISHENGSHUI GUANGAI DUI SHESHI SHENGJING DE YINGXIANG JI XIAOYING PINGGU
作　　　者	李　平　齐学斌　郭　魏　张建丰　著
出 版 发 行	中国水利水电出版社 （北京市海淀区玉渊潭南路 1 号 D 座　100038） 网址：www. waterpub. com. cn E - mail：sales@ waterpub. com. cn 电话：（010）68367658（营销中心）
经　　　售	北京科水图书销售中心（零售） 电话：（010）88383994、63202643、68545874 全国各地新华书店和相关出版物销售网点
排　　　版	中国水利水电出版社微机排版中心
印　　　刷	北京九州迅驰传媒文化有限公司
规　　　格	170mm×240mm　16 开本　13.75 印张　198 千字
版　　　次	2019 年 10 月第 1 版　2019 年 10 月第 1 次印刷
印　　　数	001—500 册
定　　　价	**95.00 元**

前言

QIANYAN

设施农田对于保障我国城乡"菜篮子"及食品安全,提高农民收入,促进当地经济与社会的发展意义重大。截至 2017 年年底,我国设施蔬菜面积约 5900 万亩,位居世界第一。设施农业生产环境相对封闭,高温、高湿、高肥是其最基本的特征,但其主要养分利用率仅为 30% 左右,特殊环境条件在促进动植物生长的同时,也促进了病原微生物繁殖,这不仅影响了资源利用效率、农产品产量和质量,而且显著加剧了设施生境系统的安全风险。

再生水回用于农业已成为全球发展趋势,全球范围内至少有 10% 的人消耗的食物来自于再生水灌溉。近年来,我国再生水利用量快速增长,2016 年增加到 59.2 亿 m^3。按现有农业用水效率计算,农业用水缺口约为 800 亿 m^3,特别是全球气候变化、快速城市化以及水污染问题等因素,加剧了我国农业水资源危机。从全国范围内来看,农业可利用非常规水资源超过 343 亿 m^3,再生水资源化利用可成为解决农业水资源紧缺问题的重要措施。本书总结了近年来再生水灌溉对设施生境及作物生长影响的研究成果,对于实现农业水资源的安全可持续利用、促进生态环境保护以及农业的可持续发展具有重要意义。

2011 年以来,在科技部、国家自然科学基金委员会、中国农业科学院等部门的资助下,中国农业科学院农田灌溉研究所先后主持了国家自然科学基金项目"再生水灌溉根际土壤氮素调控机理研究"(51009141)和"基于土壤病原菌与重金属生态效应的再生水分根区交替灌溉调控机制"(51679241),国家重点研发计划"设施农业氮磷污染负荷削减技术与产品研发"(2017YFD0800400),以及中国农业科学院科技创新工程(CAAS-ASTIP)等科研项目,深入开展了再生水灌溉下设施土壤氮素周转及矿化特征，土壤酶活性演变，土壤微生物群落结构演替，以及再生水灌溉对作物品质、产量的影响等研究，取得了再生水灌溉土壤氮素矿化激发特征、土壤氮素转化酶活性演变特征、土壤微生物种群演替特征、设施土壤生境因子演变特征等研究成果。本书是以再生水灌溉设施农田研究项目取得的试验数据为基础编写完成的，且得到了上述项目的大力资助。

全书共分为7章。第1章为绪论，主要介绍了研究的背景与意义、再生水灌溉研究进展、研究内容与技术路线等；第2章为再生水灌溉对土壤氮素演变特征的影响，主要研究了再生水灌溉根际、非根际土壤氮素演变特征，土壤氮素年际变化特征，土壤氮素消耗特征，土壤氮素残留特征模拟等；第3章为再生水灌溉对土壤酶活性的影响，主要研究了施氮和灌水水质对土壤脲酶活性、蔗糖酶活性、淀粉酶活性和过氧化氢酶活性的影响，模拟了土壤氮素转化关键酶活性变化特征；第4章为再生水灌溉对土壤微生物群落结构的影响，主要研究了再生水灌溉根际、非根际土壤微生物数量变化特征，土壤微生物群落稀释性曲线变化特征，土壤微生物群落聚类分析，土壤微生物群落多样性分析；第5章为再生水灌溉土壤氮素矿化特征与模拟，主要研究了再生水灌溉对土壤氮素矿化过程的影响以及氮肥添加对再生水灌溉土壤氮素矿化、土壤氮素净矿化量、土壤氮素矿化速率的影响等；第6章为再生水灌溉对农作物产量和品质的影响，主要研究了再生水灌溉对马铃薯、番茄产量品质的影响；第7章为再生水灌溉对设施生境因子演变的影响，主要研究了设施空气温度、湿度变化特征，设施土壤温度变化特征，土壤酸碱度、含盐量、有机质动态变化特征，典型重金属镉（Cd）、铬（Cr）动态变化特征，初步评估了再生水灌溉设施土壤生境的健康风险。

本书是全体项目研究人员辛勤劳动的结晶，全书由李平负责统稿，齐学斌、张建丰审定，著者分工如下：第1章由李平、齐学斌、张建丰撰写；第2章由李平、齐学斌、周媛、李涛撰写；第3章由齐学斌、周媛、郭魏、韩洋、梁志杰撰写；第4章由齐学斌、郭魏、韩洋、黄仲冬、肖亚涛撰写；第 5 章由李平、齐学斌、杜臻杰、赵志娟撰写；第 6 章由李平、周媛、韩洋、龙海游、赵志娟撰写；第 7 章由李平、张建丰、齐学斌、张彦、张祖麟撰写。除上述编写人员外，先后参加上述项目研究的还有胡超、樊向阳、吴海卿、乔冬梅、刘铎、李开阳、樊涛、王鑫、高青、胡艳玲、朱东海、杨保安、赵现方、陈建军等。本书还参考了其他专家的研究成果与资料，均已在参考文献中列出；中国水利水电出版社的编辑刘巍和李忠良在本书出版过程中给予了大力支持和帮助，在此一并表示诚挚的谢意！

由于作者水平有限，书中不足之处在所难免，敬请广大读者批评指正。

作者

2019 年 3 月

目录

MULU

第1章 绪 论

1.1 研究背景与意义

我国是水资源贫乏且地域分布不均的国家，尤其是在北方地区缺水更为严重，南方地区季节性干旱问题也十分突出。受全球气候变化、快速城市化进程、水污染问题、粮食安全和"北粮南运"等社会因素的影响，我国的水资源危机进一步加剧。自 2013 年以来我国农业用水总量逐年压缩，2016 年我国农业用水总量为 3768 亿 m^3，亩均用水量为 $380m^3$，特别是灌溉水有效利用系数仅为 0.542；预计 2030 年我国人口将达到 16 亿人，粮食需求将达到 6.4 亿 t，按现有农业用水效率计算，农业用水缺口将达到 800 亿 m^3。

再生水作为一种排放稳定的非常规水源，如能得到科学的利用，可极大地缓解农业用水紧缺的状况。最新修订的《中华人民共和国水法》第五十二条也指出，要加强城市污水集中处理，鼓励使用再生水，提高污水再生利用率。再生水（reclaimed water）是指污水（废水）经过适当的处理，达到要求的（规定的）水质标准，在一定范围内能够再次被有益利用的水。污水（wastewater），也称废水，是在生产与生活中排放的水的总称，它包括生活污水、工业废水、农业污水、被污染的雨水等。与原生污水和简单处理的污水相比，再生水水质得到大幅提高，但氮磷营养盐和部分新型有机污染物还无法有效地去除。因此，利用再生水进行农业灌溉时，应重视再生水灌溉对土壤生境影响风险和效应评估。

从世界范围看，美国加利福尼亚州从 20 世纪 80 年代开始使用再生水，到 2009 年再生水年使用量已达 8.94 亿 m^3，47% 的再生水回用于农业和城市绿地灌溉；以色列全部的生活污水和 72% 的城市污水得到了循环利用，处理后的再生水 46％用于农业灌溉；澳大利亚的 Werribee 农场从 1897 年开始利用再生水进行农业灌溉。

我国再生水回用于农业的比例和用量逐年增加，2010 年北京市再生水利用量达到 6.8 亿 m³，其中回用于农业的再生水达到 3 亿 m³，到 2020 年，北京市再生水利用量预计将达到 15.5 亿 m³；全国范围内再生水开发利用潜力超过 500 亿 m³。据水利部和住房和城乡建设部统计，自 1997 年以来，我国污水排放量稳定在 580 亿 m³ 以上，近 5 年我国污水排放量稳定在 770 亿 m³ 左右（图 1.1）；2014 年以来，我国生活污水排放量稳定在 500 亿 m³ 以上，城市污水处理率超过 90％，其中污水处理厂集中处理率为 85.94％，按照城市污水处理率 80％折算，生活污水处理量超过 400 亿 m³。此外，我国城镇污水处理明确了将一级 A 标准作为污水回用的基本条件，城镇污水处理开始从"达标排放"向"再生利用"转变，但处理后的城市污水仍含有丰富的矿物质和有机质，因其具有排放稳定、节肥、节约淡水资源和保护水环境等优势，被联合国环境规划署认定为环境友好技术之一，得到广泛推广应用。2012 年的《关于实行最严格水资源管理制度的意见》《国家农业节水纲要（2012—2020 年）》和 2015 年《水污染防治行动计划》都明确提出逐步提高城市污水处理回用比例，促进再生水利用，黄淮海地区大力提倡合理利用微咸水、再生水等，这也为再生水农业利用

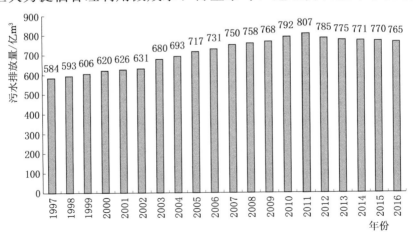

图 1.1　1997—2016 年我国污水排放量情况

提供了政策保障。

20 世纪 90 年代中期以来，我国设施农业持续快速发展，1978—2012 年全国不同类型设施蔬菜面积的变化情况见图 1.2。2015 年全国蔬菜（含西甜瓜，下同）总播种面积为 2454.9 万 hm^2，产量为 88421.6 万 t，总产值达到 17991.9 亿元，其中设施蔬菜的播种面积、产量、产值分别占 23.4%、33.6% 和 63.1%；2016 年全国蔬菜总播种面积 2548.8 万 hm^2，产量 91834.9 万 t，总产值首次突破 2 万亿元大关，其中设施蔬菜的播种面积、产量、产值分别占 21.5%、30.5% 和 62.7%。从面积分布来看，黄淮海及环渤海湾地区占 57%，长江中下游地区占 20%，西北地区占 11%，其中山东、江苏、河北、辽宁、安徽、河南、陕西 7 省共占全国设施蔬菜面积的 69%。由于设施蔬菜长期处于高水、高肥、高温、高湿、高复种指数的生产状态，主要养分利用率仅为 10%~30%，这不仅影响了农产品产量和质量，而且显著增加 N_2O、CO_2 的排放量。我国粮食年产量从 1981 年的 3.25×10^8 t 增加到 2018 年的 6.58×10^8 t，增长了 2.02 倍，而氮肥消费量已经从 1981 年的 1118×10^5 t（折纯，下同）增至 2008 年的 3292×10^5 t，增长了近 2 倍。我国耕地面积占世界的 7%，却消耗了全球 35% 的氮肥。目前，"氮富集"现象在农田生态系统中日趋加剧，来自农业源氨排放的铵态

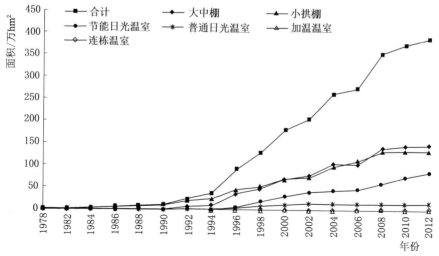

图 1.2 1978—2012 年全国不同类型设施蔬菜面积的变化情况

氮沉降是氮素沉降的主体，占总沉降量的 2/3 左右，导致农田土壤显著酸化，也就是说氮肥过量施用是加速农田土壤酸化的首要原因。因此，传统水肥管理势必制约设施农田土壤生态系统的安全和可持续生产能力。

1.2　再生水灌溉研究进展

我国污水资源化利用研究起步于 20 世纪 50 年代末 60 年代初，早期发展缓慢。21 世纪以来再生水灌溉发展迅速。再生水灌溉 90％以上集中在北方水资源严重短缺的黄淮海地区以及辽河流域，且主要集中在北方大、中城市的近郊区。再生水在一定条件下能够替代污水深度处理工艺，减轻了污水处理负担。因受不同污水来源、地区、季节、处理工艺影响，再生水水质差异较大，再生水利用存在一定风险；如再生水利用存在着土壤盐渍化、地下水污染、重金属等痕量元素土壤累积、新型污染物地下水污染及病原菌传播等生态风险。另外，再生水灌溉风险的大小受再生水水质、灌溉土壤类型和灌溉方式等诸多因素的影响。长期再生水灌溉将给土壤带来一定的风险，土壤环境受到污染或者遭到破坏将影响土壤的生态功能。再生水用于灌溉的过程，土壤相当于一个深层净化处理系统，水中的养分和盐分进入土壤的同时，渗入土壤剖面的再生水也逐步被净化，但一旦排入土壤中的各种污染物质超过土壤的自净能力，就会对土壤特性、作物生长和品质存在不良影响，甚至影响人类健康。再生水中含有丰富的氮、磷，易造成水体的富营养化、藻类的大量繁殖等危害。受再生水利用风险的影响，目前再生水在我国主要用于工业、园林绿化、农业灌溉、环卫等方面。

目前有关再生水灌溉研究可归纳为以下 6 个方面：①再生水灌溉对作物产量和品质的影响；②再生水灌溉对土壤氮素循环的影响；③再生水灌溉对土壤酶活性变化的影响；④再生水灌溉对土壤微生物群落结构的影响；⑤再生水灌溉对土壤环境质量的影响；⑥再生水利用的生态风险评估。

1.2.1 再生水灌溉对作物产量和品质的影响

1.2.1.1 再生水灌溉对作物产量的影响

再生水灌溉影响作物产量的对象包括农作物、蔬菜、果树、牧草等。研究表明，再生水灌溉番茄、黄瓜、茄子、豆角、小白菜等平均增产 7.4%～60.7%，再生水灌溉莴苣、胡萝卜、白菜、芹菜、菠菜、橄榄等作物与常规水肥管理的产量相当；再生水灌溉提高了葡萄、甘蔗等经济作物的产量，也显著增加了苜蓿、白三叶等牧草和药材作物的产量。再生水灌溉提高作物产量主要得益于再生水中含有丰富的矿质营养和可溶性有机物。

1.2.1.2 再生水灌溉对作物品质的影响

国内外对再生水灌溉对作物品质的影响进行了广泛研究。已有研究结果表明，再生水灌溉提高了番茄、黄瓜果实中硝态氮的含量，显著降低了番茄果实中蛋白质、维生素 C 和有机酸含量，但对果实中可溶性总糖、可溶性固形物等品质指标影响并不明显。也有研究结果表明，再生水灌溉显著降低了葡萄中硝酸盐的含量，显著提高了葡萄蛋白质、维生素 C、可溶性固形物和可溶性糖含量；再生水灌溉使小麦籽粒粗蛋白含量、面筋含量和密度均有所提高。但也有研究表明，再生水灌溉小麦、玉米、大豆籽粒中粗蛋白、还原性维生素 C 较清水灌溉略有降低。甘蓝再生水灌溉试验表明，灌溉前期显著降低了甘蓝维生素 C、粗蛋白和可溶性糖的含量，随着灌溉时间增加，在灌溉 100 天收获期时已无显著差异。再生水灌溉显著提高了小白菜可溶性糖含量，但也有研究结果表明，再生水灌溉对根菜、叶菜、果菜可溶性总糖、维生素 C、粗蛋白、氨基酸、粗灰分、粗纤维等品质指标并未有明显提升；再生水灌溉对苜蓿、白三叶植株体内粗脂肪、粗蛋白含量略有提高，再生水灌溉饲用小黑麦则可显著增加小黑麦籽粒淀粉含量、籽粒与秸秆中的粗蛋白含量以及籽粒中 Cu、Zn 等微量元素含量；但均未造成番茄果实、葡萄、大豆、小麦、小白菜、苜蓿、白三叶中重金属 Cr、Cd、Pb、Hg、As 的累积，却增加了玉米、饲用小黑麦 Pb、Cr 含量。

1.2.2　再生水灌溉对土壤氮素循环的影响

氮肥在支撑和保障我国粮食安全方面具有无可替代的作用。氮肥的施用保障了全球48％人口的食物需求，而中国依靠氮肥养活的人口比例则高达56％。值得注意的是，蔬菜施氮量远超平均水平，氮素损失严重，2009年统计资料显示，我国设施菜田的施氮量是全国平均值的2.4倍以上。导致土壤氮素损失的主要因素包括气态损失、植株收获和深层淋溶损失。氮素在土壤中的循环转化主要包括生物转化和化学转化两种形式（图1.3），其中氮素的生物转化主要包括同化作用、矿化作用、硝化作用、反硝化作用和氨挥发5种形式：①同化作用是土壤微生物同化无机含氮化合物（NH_4^+、NO_3^-、NH_3、NO_2^-等），并将其转化为自身细胞和组织的过程，如土壤生物体的氨基酸、氨基糖、蛋白质、嘌呤、核糖核酸等有机态氮形态。②矿化作用是土壤有机氮转化为无机氮过程，即复杂含氮有机物在微生物酶的催化作用下分解成简单的氨基化合物，简单氨基化合物在微生物酶的进一步作用下分解成NH_4^+的过程。③硝化作用是土壤中的NH_4^+在微生物酶的作用下转化成NO_3^-的过程。④反硝化作用是土壤中NO_2^-、NO_3^-还原为气态氮（分子态氮和氮氧化合物）的过程，反硝化作用包括微生物反硝化（反硝化作用的主要形式）和化学反硝化（厌氧环境下的主要形式）。⑤氨挥发，即土壤或植物中的NH_3释放到大气中的过程。氮素的化学转化主要包括：①NH_4^+的吸附作用，指土壤溶液中NH_4^+被土壤颗粒表面所吸附固定的过程；②NH_4^+的解吸作用，指土壤颗粒所吸附固定的NH_4^+进入土壤溶液的过程。

1.2.2.1　灌溉对土壤氮素循环的影响

众多研究表明，土壤中硝态氮的淋失与灌溉量和土壤含水量密切相关。非灌溉期，土壤蒸发驱动土壤水分上移，NO_3^-—N 随之上移；灌溉期，NO_3^-—N 随土壤入渗而下移，当下移深度超过作物根层利用深度时，引起 NO_3^-—N 的淋失。沟灌、小水勤灌和滴灌等灌溉方式下设施土壤 NO_3^-—N 剖面分布表明，小水勤灌和滴

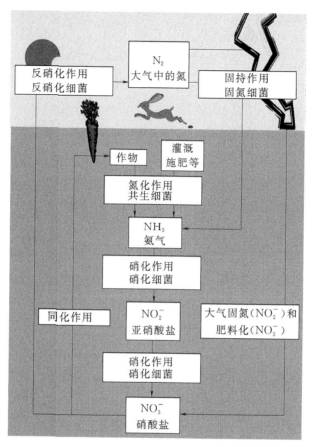

图 1.3 氮素在土壤中的循环转化

灌显著降低了 NO_3^-—N 的淋溶损失,尤其是再生水根交替灌溉降低了土壤中 NO_3^-—N 的淋失,并促进了下层土壤 NO_3^-—N 向上迁移,显著提高了土壤氮素的利用效率;随着灌溉过程的进行,土壤氮素转化的主要机制依次为氨化作用、硝化作用和反硝化作用,氮的淋失取决于水分渗漏,要减少氮淋失,首先应考虑调整灌溉措施,减少根层水分渗漏。再生水作为一种"肥水",灌溉后的土壤氮素迁移传化、淋失和深层渗漏更值得关注。

1.2.2.2 灌溉施肥对土壤氮素循环的影响

二级处理典型再生水中总氮浓度为 $10\sim20mg/L$,如果未经特殊工艺处理,再生水中各种含氮化合物不易被去除。因此,再生水农业利用过程中提供了一定量的养分需求，减少了化学肥料施用。2010 年，北京再生水农业利用量达到 3000 万 m^3，再生水农业利用节约近 3000t 氮肥、500t 磷肥，减少 10%～50% 的化学肥料施用。特别是与清水灌溉相比，再生水灌溉促进根际土壤氮的矿化，提高氮素生物有效性，节肥 9.30%～13.96%。同时，在适宜的水肥管理措施下，再生水灌溉可以减少 CH_4 和 N_2O 排放。也有研究表明，土壤中有机质、总碳、总氮随再生水灌溉年数的增加而增加，长期的再生水灌溉提高了土壤肥力，特别是含碳较高的再生水灌溉促进了土壤氮素矿化，进而提高了土壤活性氮素含量。

灌溉、施肥对土壤氮素矿化具有明显的激发效应。激发效应对土壤培肥具有重要意义，土壤氮素激发效应机制在于氮肥被微生物同化再矿化的过程，最终提高土壤氮素矿化速率并增加矿质氮的含量，进而有效降低氮的损失风险。但需注意，土壤氮素循环过程中，土壤中微生物（氨氧化细菌和异养微生物）存在对氮素的竞争作用，而竞争的结果可能降低土壤微域矿质氮含量；特别是森林生态系统中，土壤水分提高 14%、氮肥用量增加 33% 可显著降低北方森林土壤 CH_4 的吸收速率，这就意味着氮肥投入加速土壤有机质的分解和 CH_4 的排放，但科学的灌溉和施肥组合可以有效降低土壤氮素向深层淋洗，增加根际土壤氮素有效性及土壤固碳。总而言之，氮肥投入对土壤氮素循环影响机制及其反馈还有很多待解之谜。

1.2.2.3 土壤氮素迁移转化模拟研究

土壤氮素迁移转化是生物地球化学过程中的重要环节之一，其研究从 19 世纪开始一直是土壤学、植物营养学的热点问题之一，模拟氮素循环过程对提高氮肥利用率、减轻或阻止环境污染风险、降低资源消耗等具有重要的理论和现实意义。早在 20 世纪 80 年代，很多国内外专家学者构建了确定性机理模型、确定性函数模型和随机模型用于土壤氮素迁移转化模拟，并且建立了许多模型，如CANDY、CENTURY、CERES、DAISY、DNDC、HYDRUS、RZWQM、GLEAMS、NLEAP 等（表 1.1）；国内的专家学者也对不同情境下土壤氮素迁移转化进行了模型构建和数值模拟研究。在众多专家学者研究的基础上，我们对土壤氮素循环过程的认知不断深入。同时，我们也清楚认识到，目前只有较少的土壤氮素循环模型在田间条件下得到比较充分的应用和验证，其原因包括：模型参数求解过程的不确定性、测定资料和氮素转化过程相互作用的不确定性。此外，影响土壤氮素循环转化的因素很多，模型不可能考虑所有的影响因素且不能定量刻画转化过程的相互作用，有时只能用"黑箱"表示。近年来，随着土壤生物物理和数理统计理论的发展，土壤氮素循环模型出现了两大趋势，即：理论模型对氮素转化机理刻画的细微化和准确性，应用模型对氮素转化过程刻画的简单化和易用性；特别是越来越多的土壤氮素循环更加强调生化反应间的相互关联，突出研究的尺度效应和系统性，如 CERES - GIS、NLEAP - GIS、RZWQM - GIS，且 CERES 和 RZWQM 已形成了人机交互的知识系统。迄今为止，尽管数学模型的预报能力还很有限，但将它作为科学管理和预测的工具，是土壤科学发展的必然趋势。

表 1.1　　　　　土壤氮素迁移转化模型简介

模型	模 型 简 要 描 述
CANDY	该模型主要用于 6 类含氮有机物的施用环境效应评估。模型中将土壤有机氮分为 3 个组分库，用一级动力学方程模拟矿化、腐殖化过程；用土壤硝态氮和有机碳含量线性关系模拟反硝化过程；用米氏方程模拟硝化过程
CENTURY	该模型主要用来模拟生态系统碳、氮和营养物质长期动态。用一级动力学方程模拟矿化和固持过程；植物氮素利用量受限于土壤供氮量和作物目标产量；假定氨挥发量为氮素矿化总量的 5%
CERES	该模型主要用来模拟作物的生长及与之有关的过程。模型将土壤有机氮分为腐殖质库和新鲜有机残体库等 2 个组分库。用一级动力学方程模拟矿化和固定、反硝化、氨挥发等转化过程；用米氏方程模拟硝化过程；可详细模拟作物氮素吸收利用过程
DAISY	该模型主要用于评估有机肥等含氮化合物的施用对土壤生境的影响。模型以日为时间步长，可进行土壤氮素转化的动态模拟。模型将有机氮分为 6 个库，用一级动力学方程模拟矿化和固持过程，用米氏方程模拟硝化过程，植物氮素利用量受限于土壤供氮量和作物目标产量，可简单模拟硝酸盐氮的淋失过程

续表

模型	模 型 简 要 描 述
DNDC	该模型用于模拟土壤碳、氮动态和温室气体的排放,模拟有机碳、氮的矿化过程。模型将土壤有机氮分为3个组分库,由矿化作用产生的无机碳和氮,被输入硝化、生物同化及脱氮等子模型中,进而模拟有关微生物代谢产物的排放动态,包括 CH_4、N_2O、NO、N_2 等几种温室气体
DrainMOD	该模型主要用于模拟外源施氮、作物固氮以及土壤质地对土壤氮素循环的影响。模型以日为时间步长,可模拟土壤中铵态氮、硝态氮的含量以及排水中铵态氮、硝态氮的浓度
EPIC	该模型主要用于评估土壤耕作方式和水土流失对土壤可持续生产力的影响。模型将土壤有机氮分为3个组分库,其中的活性氮库是估算的。用一级动力学方程模拟土壤氮素矿化、固持、硝化、反硝化、氨挥发过程;植物氮素利用量取决于土壤供氮量和作物目标产量;可以简单模拟地表径流中氮的损失
HYDRUS	该模型主要用于饱和多孔介质的水流和溶质运移。土壤氮素矿化过程采用零级动力学描述,土壤氮素固持作用和反硝化作用采用一级动力学描述,假定土壤氮素硝化速率远大于矿化速率,忽略了硝化作用的中间过程
GLEAMS	该模型主要用于模拟不同农业管理措施对地下水环境的影响。模型将土壤有机氮分为3个组分库。用零级动力学方程模拟硝化过程,用一级动力学方程模拟土壤氮素矿化、生物同化、反硝化、氨挥发等过程;地表径流中氮的损失可简单模拟
NCSOIL	该模型用于模拟土壤碳、氮循环过程,模型可同时模拟不同形态氮素去向。模型将土壤有机氮分成4个组分库。氮素的矿化和腐殖化过程用米氏方程模拟;硝化过程、反硝化过程用零级动力学方程模拟;作物生长对氮素利用过程用 logistic 曲线模拟
NLEAP	该模型主要用于水环境评估,能与 GIS 结合。该模型以日为时间步长,适用于有机氮中长期模拟预测,可模拟硝酸盐的淋失。模型将土壤有机氮分为3个组分库,其中用零级动力学方程模拟硝化过程,用一级动力学方程模拟氮的固定、矿化、反硝化、氨挥发、硝酸盐淋失过程;用 logistic 曲线模拟作物氮素吸收
NTRM	该模型主要用于评估土壤侵蚀对土壤生产力、作物产量和排水水质的影响,为经验模型。该模型适用于微区尺度氮素循环过程的定量研究,没有模拟温度、pH 值环境因子对氮素转化过程的影响。该模型建立了矿化、固持、硝化、水解、硝酸盐淋失的回归方程;假定植物吸氮量与吸水量成线性相关

模型	模型简要描述
RZWQM	该模型主要用于模拟不同农业管理措施对水质和作物产量的影响。模型将土壤有机氮分为 5 个组分库。矿化和固持过程用一级动力学方程模拟，该方程包含微生物生化作用；反硝化过程、氨挥发过程用一级动力学方程模拟；用米氏方程模拟作物吸氮量；用零级动力学过程模拟硝化过程；该模型最大的特色是可以详细地模拟硝酸盐淋失过程
SOILN	该模型主要用于氮肥施用对环境影响评估。将土壤有机氮分为 3 个组分库。土壤氮素反硝化过程用零级动力学方程模拟；土壤氮素矿化、腐殖化、硝化过程用一级动力学方程模拟；植物吸氮量、氨挥发过程和硝酸盐淋失过程用 logistic 方程模拟
SUNDAIL	该模型主要用于评估土壤氮循环转化的土壤环境效应。模型以周为时间步长，适用于土壤氮素转化利用的中长期预测。模型将土壤有机氮分为 3 个组分库，土壤氮素矿化、腐殖化和硝化过程用一级动力学方程模拟；土壤反硝化过程用有机质分解产生 CO_2 量模拟；氨气挥发量用铵态肥施入量的线性关系模拟；用作物目标产量含氮量表示植物氮素吸收过程

1.2.2.4　土壤氮素转化的关键微生物过程

微生物驱动着土壤元素的生物地球化学过程，而氮素循环是土壤元素生物地球化学循环的关键过程之一，其同化过程、矿化过程、氨化过程、硝化过程、反硝化过程均有微生物参与并驱动；硝化过程决定着氮素的生物有效性，是链接矿化过程与反硝化过程的中间环节，并且与土壤酸化、硝酸盐深层淋失及其引起的水体污染，甚至与温室气体氧化亚氮释放及其引起的全球升温等一系列生态环境问题密切相关。硝化作用分为氨氧化过程和亚硝酸盐氧化过程。土壤生态系统中的氨氧化过程主要是由变形菌纲中氨氧化细菌、氨氧化古菌等共同作用，氨氧化细菌和古菌在硝化作用中的重要性和相对贡献已成为近几年国际研究热点问题之一。反硝化作用是在多种微生物的参与下，硝酸盐通过四步还原反应，即在硝酸盐还原酶（nitrate reductase）、亚硝酸盐还原酶（nitrite reductase）、一氧化氮还原酶（nitric oxide reductase）以及一氧化二氮还原酶（nitrous oxide reductase）的作用下，最终被还原成氮气，并在中间过程释放强效应的温室气体 N_2O。厌氧氨氧化是细菌在厌氧条件下以亚硝酸盐为电子受体将氨氧化为氮气的过程，主要由浮霉状菌目的细菌催化完成。由此可见，土壤氮素转化关键微生物过程与机理的研究正在逐步深入，反硝化作用和氨化作用产生的气态氮损失的动态过程已成为研究热点。此外，如何通过土壤微生物定向调控土壤氮素转化过程将是未来研究的重点方向。微生物参与的氮循环过程见图1.4。

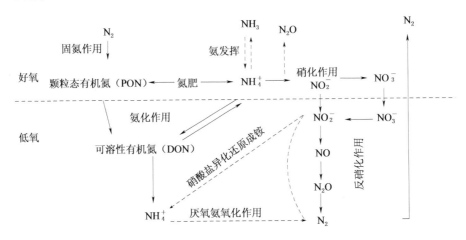

图1.4　微生物参与的氮循环过程示意图

1.2.3　再生水灌溉对土壤酶活性变化的影响

土壤酶活性与土壤肥力关系密切，土壤酶活性大小是评价土壤养分有效性的重要指标之一，同时，土壤酶也是由土壤微生物产生专一生物化学反应的生物催化剂，推动土壤的代谢过程。与清水相比，再生水中含有丰富的矿质元素和有机质，再生水灌溉会影响土壤酶活性。已有研究结果表明，与清水灌溉相比，连续5年再生水灌溉的土壤中与C、N、P、S循环相关的17酶活性提高了2.2～3.1倍，土壤蔗糖酶、磷酸酶的活性与再生水灌溉时间呈显著的正相关。李阳等的研究表明，连续3年再生水灌溉土壤蔗糖酶、中性磷酸酶和碱性磷酸酶活性显著高于清水对照，再生水灌溉土壤脲酶和过氧化氢酶与对照处理差异并不明显，而土壤蔗糖酶、中性磷酸酶和碱性磷酸酶并未表现出显著的年际差异；冲洗甜菜及奶牛场沼液再生水灌溉显著提高了土壤蔗糖酶、脲酶、中性磷酸酶、多酚氧化酶和过氧化氢酶的活性；追施氮肥再生水灌溉提高了土壤脲酶、淀粉酶的活性，降低了蔗糖酶和过氧化氢酶的活性；绿地再生水灌溉土壤脲酶、磷酸酶、蔗糖酶、脱氢酶、过氧化氢酶活性均高于清水对照。有的研究也表明，再生水灌溉对酶活性并无显著影响。此外，滴灌较沟灌具有明显的比较优势，显著提高了土壤脱氢酶、碱性磷酸酶和β-葡萄糖苷酶的活性。土壤酶活性受再生水水质、施肥、土壤通气性、土壤 pH 值、EC 值（电导率值）、有机质、微生物、土壤养分、重金属含量等因素的影响。再生水灌溉对土壤酶活性的影响目前尚无定论，特别是长期再生水灌溉对土壤酶活性的影响仍需持续科学研究。

脲酶能酶促尿素生成氨、二氧化碳和水。脲酶的水解反应如下：

$$(NH_2)_2CO \xrightarrow{\text{脲酶}+H_2O} NH_3 + NH_2COOH \xrightarrow{\text{脲酶}+H_2O} 2NH_3 + CO_2$$

淀粉酶能催化蔗糖水解成果糖和葡萄糖，它的酶促反应如下：

$$C_{12}H_{12}O_{12} \xrightarrow{\text{蔗糖酶}+H_2O} C_6H_{12}O_6 + H_{12}(CO)_6$$

过氧化氢酶能酶促土壤有机质氧化成醌，它也是参与合成腐殖质的一种氧化酶，它的酶促反应如下：

$$H_2O_2 + H_2O \xrightarrow{\text{过氧化氢酶}} O_2 + H_2O$$

$$H_2O_2 + C_6H_4(OH)_2 \xrightarrow{\text{过氧化氢酶}} C_6H_4O_2 + 2H_2O$$

1.2.4 再生水灌溉对土壤微生物群落结构的影响

土壤微生物是土壤生态系统的重要组成部分，它几乎直接或间接参与所有土壤生化过程，是稳定态养分转变成有效养分的催化剂，土壤微生物群落结构也是评价再生水灌溉下环境健康的重要指标之一。再生水灌溉盆栽大豆提高了土壤细菌、放线菌的数量。此外，再生水灌溉促进了草坪根际微生物数量的增加，具体表现为优势类群及亚优势类群多度增加，从而增加了微生物群落多样性；短期再生水灌溉，绿地土壤细菌、真菌和放线菌数量均有增加趋势；生活污水灌溉促进了土壤细菌、真菌、放线菌、固氮微生物、亚硝化细菌、硝化细菌、反硝化细菌、解磷微生物菌生长，从而增加土壤微生物丰度；田间小区玉米及设施茄子地表滴灌显著增加了苗期土壤细菌、放线菌和真菌的数量，以及灌浆成熟期真菌的数量；盆栽玉米轻度水分亏缺灌溉有效改善了土壤的水分和通气条件，从而促进土壤细菌、放线菌的生长。但也有研究结果表明，节灌方式一定程度上降低了土壤基础呼吸和土壤微生物量氮，水分亏缺可能抑制土壤微生物群落结构并降低土壤微生物活性；不同年数石油类污水灌溉土壤调查结果表明，污水灌溉导致土壤微生物生物量碳、氮含量增加，微生物生物量的增加在一定程度上加快了土壤碳、氮的周转速率和循环速率。

土壤微生物数量与土壤种类、作物种植类型和土壤肥力等密切相关，提高土壤微生物数量可以促进矿质养分增加、提升土壤肥力和养分生物有效性，而土壤微生物与根系交互作用进一步促进了根际细菌生长，刺激了作物对根际土壤氮磷的吸收。但是微生物和植物对土壤养分的吸收利用存在竞争关系，尤其是作物生长关键阶段需要从土壤中吸收大量的矿质养分，致使土壤中的有效养分含量降低。因此，土壤微生物在维持土壤矿质养分供应方面具有重要的调节作用，但如何改善土壤微生物群落结构和功能，特别是有关土壤碳、氮循环功能微生物的扩增机制相关研究鲜有报道。

1.2.5　再生水灌溉对土壤环境质量的影响

1.2.5.1　再生水灌溉对土壤物理性质的影响

再生水灌溉影响土壤团粒结构、孔隙度、渗透性能、斥水性、紧实度、密度、土壤含水率等土壤物理性质。已有的研究认为，再生水中悬浮物、有机物的输入等是土壤密度增加的主要原因，致使土壤孔隙率降低，尤其是 Na^+ 的输入会导致孔隙度降低，因此，再生水水质和灌溉方式等因素可能会增加土壤密度。但也有研究表明，再生水灌溉增加了土壤孔隙度。截至目前，再生水灌溉对土壤密度、孔隙度、颗粒组成或微团聚体结构组成的影响尚无定论。此外，再生水灌溉会增加土壤田间持水量、斥水性，致使土壤导水率和水力传导度降低，进而导致土壤颗粒膨胀和团聚体分散。但也有研究表明，再生水中矿质营养的输入会提高土壤微生物数量和生物活性，进而促进土壤团粒结构的形成。因此，再生水灌溉对土壤物理性质影响受限于再生水水质、土壤类型等因素，还需进一步系统研究和归纳总结再生水灌溉对不同类型土壤物理性质的影响。

1.2.5.2　再生水灌溉对土壤化学性质的影响

再生水灌溉对土壤化学性质的影响主要包括土壤 pH 值、EC 值及离子组成、土壤肥力和重金属累积等方面。长期再生水灌溉可能导致土壤 pH 值下降，进而降低土壤养分的有效性。大量研究表明，长期再生水灌溉明显提高了土壤 EC 值，土壤 EC 值的增加可能导致土壤次生盐渍化、土壤退化及作物盐分胁迫；与清水相比，再生水中全氮、有机物的浓度明显较高，长期再生水灌溉显著增加土壤全氮、矿质氮和有机质的含量，从而提高了土壤肥力，减少化肥施用。特别需要注意的是，由于再生水水源组成复杂，再生水水质差异较大，已有研究证实再生水灌溉可能导致 Cd、Cr、Pb、Zn 等典型重金属在根层土壤中的累积；近年来，再生水灌区土壤持久性有机污染物（Persistent Organic Pollutants，POPs）、药物和个人护理品（Pharmaceuticals and Personal Care Products，PPCPs）等有机污染物残留有明显上升趋势。目前，再生水灌溉对土壤化学性质的影响，取决于再生水水质及污染物降解特征，亟须开展再生水水质长期监测和灌溉潜在风险评估。

1.2.6　再生水利用的生态风险评估

1.2.6.1　作物生态风险评价

再生水利用不仅仅是解决水资源紧缺的问题，在一些地区也被作为一种废水处理技术。美国佛罗里达州再生水灌溉柑橘试验表明，大定额再生水灌溉促进了柑橘生长和果实产量，虽然降低了果汁中可溶性固形物的浓度，但与 400mm 灌溉等额相比，每公顷总可溶性固形物却提高了 15.5％。自 1992 年开始，再生水已作为重要替代水源在美国佛罗里达州和加利福尼亚州进行应用，再生水与清水的节肥增产效应也推动和促进了再生水农业利用的快速发展。再生水利用的作物生态风险主要来自于再生水处理不达标、再生水中有毒有害物质（盐分、痕量重金属、持久性有机污染物、新型污染物等）的环境负反馈，抑制作物生长，使叶片发黄甚至死亡，进而通过植被根系进入植株体，并在果实中累积。已开展的再生水利用的作物生态风险评价结果显示，短期再生水灌溉增加了植物叶片和果实中的重金属含量，但未超过相关安全标准。

1.2.6.2　健康风险评价

再生水利用的健康风险评价通常采用 1983 年美国国家科学院公布的四步法：危害鉴别（hazard identification）、暴露评价（exposure assessment）、剂量反应分析（dose‐response analysis）、风险评定（risk characterization）。Tanaka 等运用微生物定量风险评价的方法评价了加利福尼亚州 4 个二级污水处理厂的再生水用于高尔夫球场和食用作物灌溉时的感染风险，结果表明：当再生水用于食用作物灌溉时加氯量不低于 5mg/L 即可使其可靠性达 100%，而用于高尔夫球场灌溉时，加氯量需达 10mg/L 才可保证其安全性。特别是三级处理再生水中病原菌均为检出或检出限极低，三级处理再生水灌溉食品中沙门氏菌、环孢子虫、大肠杆菌均未检出。除病原微生物外，再生水水中 PPCPs 具有生物富集特征，长期再生水灌溉污染土壤，甚至生物二次浓缩进入食物链，从而带来健康风险。部分再生水中含有挥发性有机污染物多达 20 余种，如 1,1,2‐三氯乙烷、三氯甲烷、三甲基苯、四氯乙烯和甲苯等芳香烃、卤代烃物质，灌溉草坪后的暴露评价表明有潜在健康风险。此外，不同学者针对再生水中的内分泌激素（endocrine hormone）、内毒素（endotoxin）、多环芳烃（Polycyclic Aromatic Hydrocarbons, PAHs）、壬基酚（Nonyl Phenol, NP）、塑化剂（Phthalic Acid Esters, PAEs）等也开展了健康风险研究，研究结果显示，再生水用于灌溉时，这些污染物的健康风险均处于可接受水平。

1.2.7　再生水灌溉研究发展趋势

从《城市污水再生利用　农田灌溉用水水质》（GB 20922—

2007)、《再生水水质标准》（SL 368—2006）中农业用水控制项目和指标限值可以看出，再生水中除了含有矿质养分、有机质之外，还可能含有一定量的痕量元素和盐基离子。因此，农业再生水利用是解决当前水资源紧缺的重要抓手。国内外针对再生水灌溉开展了大量研究，如再生水灌溉提质增效、节肥机制、土壤微环境调控和土壤生态风险评估等。再生水回用农业或绿地还存在一定不确定性和潜在风险，与常规灌溉水相比，再生水中痕量污染物、盐基离子和可溶性有机物等输入，可能改变土壤理化性状和微生物结构，影响土壤系统物质和能量迁移转化，进而导致土壤安全及其生境健康风险。特别是设施农业长期处于高集约化、高复种指数、高肥高水、高温、高湿的生产状态下，主要养分利用率仅为 30% 左右，再生水回用设施农业更应慎之又慎。

针对我国国情，在国内外研究基础上，需要进一步研究再生水灌溉对设施土壤氮素演变特征的影响，明确土壤氮素在再生水灌溉和外源施氮下的周转过程和规律；研究再生水灌溉下土壤指示酶活性演变特征及其趋势；研究再生水灌溉下土壤微生物群落结构的演替特征，并探明再生水灌溉下功能微生物种群相对丰度和多样性变化；利用数学统计模型，构建再生水灌溉土壤氮素矿化耦合模型；研究再生水灌溉对番茄产量、品质和氮肥利用效率的影响，提出适宜再生水灌溉设施农田氮肥追施模式；研究再生水灌溉对设施生境的影响，评估其关键风险因子、输入途径和风险商数。

1.3 研究内容与技术路线

1.3.1 研究内容

本书主要研究内容包括：再生水灌溉对土壤氮素组成组分和形态、土壤氮素转化关键酶活性演变特征及土壤微生物群落、番茄和马铃薯产量品质的影响；分析了番茄和马铃薯的氮素利用效率，探讨了番茄和马铃薯品质对再生水灌溉的响应特征；开展了再生水灌

溉土壤氮素矿化过程模拟研究；开展了再生水灌溉对土壤 pH 值、EC 值、Cd、Cr、Cu、Zn、有机质（OM）的影响及其趋势研究；应用暴露风险评估模型评估了再生水灌溉的生境健康风险。

1.3.2　技术路线

根据本项研究目的和研究内容，采用田间小区试验、室内培养试验和数学模拟相结合的方法，以再生水灌溉设施农田土壤为主要载体，研究外源施氮再生水灌溉对氮素矿化特征、土壤酶活性变化及土壤微生物群落结构组成的影响，模拟外源施氮再生水灌溉土壤氮素释放及酶活性变化特征，探讨长期再生水灌溉对设施土壤生境的健康风险，探明施氮和再生水灌溉对土壤氮素矿化激发及节肥机制，评估长期再生水灌溉下胁迫因子对设施生境健康的影响，以期为设施农业减氮增效、土壤质量安全和生态环境保护提供科学理论依据。技术路线详见图 1.5。

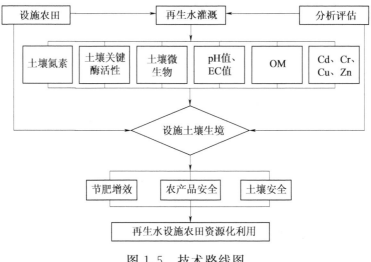

图 1.5　技术路线图

1.3.3　研究区概况

试验在中国农业科学院河南新乡农业水土环境野外科学观测试验站进行。试验站位于河南省新乡市红旗区洪门镇，地理位置为北纬35°15′38″~35°15′45″、东经113°55′5″~113°55′7″，海拔73.20m，多年平均气温14.1℃，无霜期210天，日照时数2398.8小时，多年平均年降水量为588.8mm，降水主要集中在7—9月，占全年降水的60%以上，多年平均年蒸发量为2000mm。供试土壤为砂质壤土，试验地土壤的物理性状见表1.2。

表1.2　　　　　　　试验地土壤的物理性状

土层深度/cm	各粒级所占百分数/%			pH值	全氮/(g/kg)	全磷/(g/kg)	有机质/(g/kg)	土壤质地	干容重/(g/cm³)
	2~0.02mm	0.02~0.002mm	<0.002mm						
0~20	27.88	54.77	17.35	8.00	0.95	1.16	19.90	粉砂黏壤	1.40
20~40	24.99	58.29	16.72	8.05	0.46	0.58	9.90	粉砂黏壤	1.42
40~60	26.57	57.06	16.37	8.10	0.39	0.52	8.60	粉砂黏壤	1.44
60~80	30.22	53.18	16.60	8.00	0.26	0.36	8.00	粉砂黏壤	1.42
80~100	22.04	62.44	15.52	7.90	0.24	0.30	7.30	粉壤	1.49

再生水取自试验站附近的污水处理厂。污水的来源主要为城市生活污水，污水处理工艺为 A^2/O（厌氧/缺氧/好氧）法，排放标准为国家一级 A 标准，日处理能力15万 m³。试验站建有专门蓄水调节池，对水质进行标准化处理。再生水水质和相关标准对比分析详见表1.3。

表1.3　　　　　　再生水水质和相关标准对比分析

对比项目	硝态氮/(mg/L)	铵态氮/(mg/L)	全氮/(mg/L)	全磷/(mg/L)	总镉/(μg/L)	六价铬/(μg/L)	高锰酸盐指数/(mg/L)	pH值	全盐量/(g/L)
清水	2.00	0.80	3.90	2.85	0.64	6.40	7.80	7.60	1.20
再生水	20.60	11.00	45.40	2.96	3.35	20.00	14.00	7.40	1.70
《农田灌溉水质标准》					10	100	60	5.5~8.5	1~2
《再生水水质标准》					10	100	90	5.5~8.5	
《地表水环境质量标准》		2.0	2.0	0.4	10	100	15	6~9	

续表

对比项目	硝态氮 /(mg/L)	铵态氮 /(mg/L)	全氮 /(mg/L)	全磷 /(mg/L)	总镉 /(μg/L)	六价铬 /(μg/L)	高锰酸盐指数 /(mg/L)	pH 值	全盐量 /(g/L)
《地下水质量标准》	30	0.5			10	100	10	5.5～9	2
《城市污水再生利用 农田灌溉用水 水质标准》					10	100	100	5.5～8.5	1

注　表中标准分别对应《农田灌溉水质标准》(GB 5084—2005)、《再生水水质标准》(SL 368—2006)、《城市污水再生利用　农田灌溉用水水质》(GB 20922—2007)、《地表水环境质量标准》(GB 3838—2002)、《地下水质量标准》(GB/T 14848—1994)。水质标准限值是指适用于露地蔬菜的标准限值。

第 2 章 再生水灌溉对土壤氮素演变特征的影响

本书中试验选用的再生水来自于城市生活污水，其处理后全氮、硝态氮、铵态氮浓度分别为 45.40mg/L、20.60mg/L、11.00mg/L 左右，是清水（自来水）的 12 倍、10 倍、14 倍左右。前人的研究结果表明，水肥管理对土壤氮素矿化具有显著的激发效应。为了进一步研究再生水灌溉施氮对土壤氮素矿化的调控作用，通过再生水灌溉根际、非根际土壤氮素形态变化特征及根层土壤氮素盈亏，明确再生水灌溉土壤氮素矿化激发效应，并利用统计模型模拟再生水灌溉施氮的土壤氮素演变特征，以期探明再生水灌溉施氮对土壤氮素矿化过程的影响。

2.1 试验设计、观测内容与方法

2.1.1 试验设计

试验共设 5 个处理，每个处理重复 3 次，共计 15 个小区。ReN1 处理：再生水灌溉＋常规氮肥追施处理，即每次追施氮肥量为 90kg/hm²；ReN2 处理：再生水灌溉＋氮肥追施减量 20％，即每次追施氮肥量为 72kg/hm²；ReN3 处理：再生水灌溉＋氮肥追施减量 30％，即每次追施氮肥量为 63kg/hm²；ReN4 处理：再生水灌溉＋氮肥追施减量 50％，即每次追施氮肥量为 45kg/hm²；CK 处理：清水灌溉＋常规氮肥追施处理，即每次追施氮肥量为 90kg/hm²。基施肥料有化肥和有机肥，磷、钾和有机肥 100％作为底肥一次性施入，其中磷肥 180kg/hm²、钾肥 180kg/hm²，基施化肥（折合纯氮）180kg/hm²，有机肥为腐熟风干鸡粪8000kg/hm²（N 1.63%、P_2O_5 1.54%、K_2O 0.85%）。其他田间管理措施完全一致。试验处理及设计见图2.1。

处理	ReN1	ReN1	ReN1	ReN2	ReN2	ReN2	ReN3	ReN3	ReN3	ReN4	ReN4	ReN4	CK	CK	CK
灌溉水质	再生水												清水		
灌溉量	地表滴灌、充分灌溉，计划湿润层深度为40cm，TDR监测根层土壤含水量变化														
底肥用量	化肥磷、钾和有机肥100%作为底肥一次性施入，其中磷肥180kg/hm²、钾肥180kg/hm²，基施氮肥（折合纯氮）180kg/hm²；有机肥为腐熟风干鸡粪8000kg/hm²（N 1.63%、P_2O_5 1.54%、K_2O 0.85%）														
施肥量	(90+90+90)kg/hm²			(72+72+72)kg/hm²			(63+63+63)kg/hm²			(45+45+45)kg/hm²			(90+90+90)kg/hm²		
施肥时间	第一穗果膨大期（5月上旬）、第二穗果膨大期（5月下旬）、第四穗果膨大期（6月中旬）														

图2.1　试验处理及设计

供试番茄品种为冬春茬普遍栽培的品种，2013—2015年播种育苗日期分别为2月10日、2月13日、3月2日；移栽定植日期分别为3月23日、3月29日、4月11日；打顶日期分别为6月5日、5月30日、6月5日；收获日期分别为7月27日、7月27日、7月28日；2013年分别于5月10日（第一穗果膨大期）、5月30日（第二穗果膨大期）和6月20日（第四穗果膨大期）追施氮肥3次；2014年分别于5月14日（第一穗果膨大期）、5月25日（第二穗果膨大期）和6月12日（第四穗果膨大期）追施氮肥3次；2015年分别于5月20日（第一穗果膨大期）、6月5日（第二穗果膨大期）和6月20日（第四穗果膨大期）追施氮肥3次。

番茄全生育期共灌溉8次。移栽活苗期采用清水灌溉，灌溉2次；番茄开花结果期开始采用再生水灌溉，灌溉6次；总灌溉量为2500m³/hm²。灌溉方式为地表滴灌、充分灌溉，单次灌溉量根据根层预理TDR测定的土壤含水率计算，计划湿润层深度为40cm；栽培方式均为传统的宽窄行种植，每株留果5穗，畦宽1.0m，畦间距0.5m，株距0.3m，行距0.75m，种植密度为4.5万株/hm²。

番茄生育期内其他管理措施完全一致。

2.1.2 观测内容与方法

2.1.2.1 灌溉水质

试验用再生水取自试验站附近的河南省新乡市骆驼湾污水处理厂，清水为自来水。测试指标包括硝态氮、铵态氮、全氮、全磷、总镉、铬（六价）、高锰酸盐指数、pH 值和全盐量。灌溉水中硝态氮、铵态氮、全氮和全磷采用流动分析仪（BRAN LUEBBE AA3）测定；pH 值采用 PHS-1 型酸度计测定（上海雷磁）；全盐量采用电导率仪测定（上海雷磁）；高锰酸盐指数采用 COD 分析仪测定；总镉和铬（六价）采用原子吸收分光光度计测定（SHIMADZU AA-6300）。

2.1.2.2 土壤样品

番茄种植前及收获后的土壤样品。分别于移栽前（2013 年 3 月、2014 年 3 月、2015 年 3 月）、收获后（2013 年 8 月、2014 年 8 月、2015 年 8 月）采集土壤样品。土壤样品采集采用 5 点取样法，利用直径为 3.5cm 标准土钻取土壤样本，每层采集土壤样本 5 个、混合均匀成 1 个样本，每个样本不低于 0.5kg，采样深度分别为 0～10cm、10～20cm、20～30cm、30～40cm、40～60cm。

番茄生育期土壤样品。分别于番茄第一穗果膨大期、第二穗果膨大期、第四穗果膨大期、完熟期采集土壤样品。各小区随机选取长势健康的番茄植株，收获番茄的地上部分后，挖取植株根系，采用抖根分离法取根系所附着土壤，用软毛刷刷下土壤为根际土壤，同时取相应植株行间土壤为非根际土壤。

土壤测试指标为 pH 值、电导率值（EC 值）、硝态氮、铵态氮、全氮、有机质、土壤微生物总量。土壤中 pH 值采用玻璃电极法测定；EC 值采用电导率仪测定；硝态氮、铵态氮采用流动分析仪（BRAN LUEBBE AA3）测定。土壤中硝态氮、铵态氮分析方法：称取鲜土样 10g，加入 1mol/L $CaCl_2$ 溶液 50mL，振荡 0.5h 后，中性滤纸过滤，取上清液。硝态氮及铵态氮含量采用流动分析仪上机测定。

2.1.2.3 数据处理与统计分析

所有田间和室内试验数据用 Microsoft Excel 2013 绘图；用 DPS 14.50 软件中的单因素方差分析和两因素方差分析进行显著性分析，利用邓肯新复极差法进行多重比较，置信水平为 0.05。

2.2 再生水灌溉根际、非根际土壤氮素演变特征

2.2.1 矿质氮演变特征

图 2.2 为不同施氮再生水灌溉处理根际、非根际土壤矿质氮含量随番茄生育期的变化。各处理根际土壤矿质氮含量均低于非根际土壤（图 2.3），各处理根际土壤矿质氮均值较非根际土壤降低了 9.18%。第一穗果膨大期，ReN1、ReN2、ReN3、ReN4 处理和 CK 处理根际土壤矿质氮含量分别较非根际土壤低 12.21%、9.48%、9.82%、0.95%、1.72%；第二穗果膨大期，ReN1、ReN2、ReN3、ReN4 处理和 CK 处理根际土壤矿质氮含量分别较非根际土壤低 13.66%、11.21%、10.44%、1.32%、3.56%；第四穗果膨大期，ReN1、ReN2、ReN3、ReN4 处理和 CK 处理根际土壤矿质氮含量分别较非根际土壤低 9.13%、9.85%、9.71%、2.44%、15.99%；番茄生育末期，ReN1、ReN2、ReN3、ReN4 处理和 CK 处理根际土壤矿质氮含量分别较非根际土壤低 15.45%、9.33%、9.83%、2.25%、20.63%。根际土壤矿质氮含量低于非根际土壤，表明番茄对矿质氮的吸收利用以根际土壤为主，同时，根际土壤与非根际土壤矿质氮含量的梯度差也促进了非根际土壤矿质营养向根际土壤迁移，提高了土壤氮素利用效率。

ReN1、ReN2、ReN3、ReN4 处理和 CK 处理根际土壤矿质氮含量分别为 51.42～93.02mg/kg、41.32～104.26mg/kg、42.84～101.50mg/kg、49.32～86.92mg/kg、26.66～68.90mg/kg。第一穗果膨大期，ReN1、ReN2、ReN3、ReN4 处理根际土壤矿质氮含

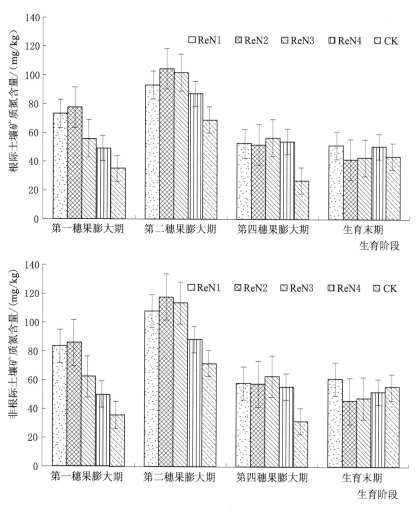

图 2.2 不同施氮再生水灌溉处理根际、非根际土壤矿质
氮含量随番茄生育期的变化

量分别较 CK 处理提高了 1.08 倍、1.20 倍、0.59 倍、0.40 倍；第
二穗果膨大期，ReN1、ReN2、ReN3、ReN4 处理根际土壤矿质氮
含量分别较 CK 处理提高了 35.00%、51.31%、47.32%、
26.16%；第四穗果膨大期和生育末期，根际土壤矿质氮含量均高
于 40mg/kg，根际土壤矿质氮保持在较高水平，特别是 ReN1 处理
番茄生育末期根际土壤矿质氮达到 50.52mg/kg。

ReN1、ReN2、ReN3、ReN4 处理和 CK 处理非根际土壤矿质

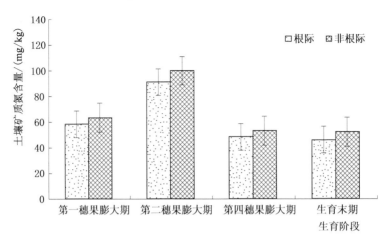

图 2.3　各处理根际、非根际土壤矿质氮含量随番茄生育期的变化

氮含量分别为 57.77 ～ 107.74mg/kg、45.57 ～ 117.42mg/kg、47.51～113.34mg/kg、51.69～88.09mg/kg、31.58～71.45mg/kg。番茄不同生育阶段，各处理非根际土壤矿质氮含量动态变化和根际土壤基本一致，即再生水灌溉减施追肥处理非根际土壤矿质氮的含量均高于 CK 处理。

特别是第一穗果膨大期、第二穗果膨大期和第四穗果膨大期，ReN1、ReN2、ReN3 和 ReN4 处理根际、非根际土壤矿质氮含量显著高于 CK 处理（$p<0.05$，置信水平为 0.05，单因素方差分析，下同），表明与清水灌溉常规氮肥追施相比，再生水灌溉促进了土壤有机氮的矿化和硝化作用，进而提高了根际、非根际土壤矿质氮的含量。

2.2.2　全氮演变特征

图 2.4 为不同施氮再生水灌溉处理根际、非根际土壤全氮含量随番茄生育期变化特征。各处理根际土壤全氮含量均高于非根际土壤（图 2.5），各处理根际土壤全氮均值较非根际土壤提高了 8.70%。第一穗果膨大期，ReN1、ReN2、ReN3、ReN4 处理和 CK 处理根际土壤全氮含量分别较非根际土壤高 14.93%、12.44%、11.33%、7.76%、15.45%；第二穗果膨大期，ReN1、

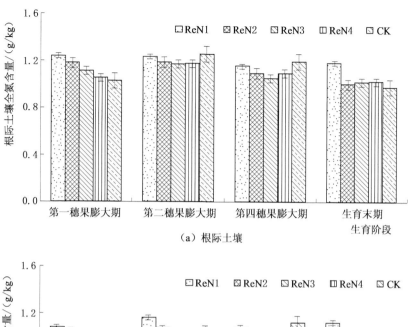

（a）根际土壤

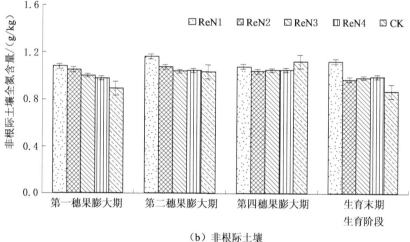

（b）非根际土壤

图 2.4 不同施氮再生水灌溉处理根际、非根际土壤全氮
含量随番茄生育期变化

ReN2、ReN3、ReN4 处理和 CK 处理根际土壤全氮含量分别较非根际土壤高 6.34%、10.68%、12.78%、12.29%、21.17%；第四穗果膨大期，ReN1、ReN2、ReN3、ReN4 处理和 CK 处理根际土壤全氮含量分别较非根际土壤高 7.12%、5.11%、0.22%、4.24%、6.27%；番茄生育末期，ReN1、ReN2、ReN3、ReN4 处理和 CK 处理根际土壤全氮含量分别较非根际土壤高 8.97%、3.18%、3.62%、3.05%、12.05%。根际土壤中全氮含量略高于

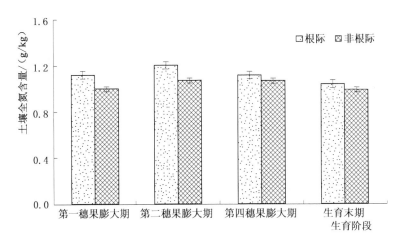

图 2.5　根际、非根际土壤全氮含量随番茄生育期变化

非根际土壤，这可能与土壤微生物活动有关，土壤微生物（微生物量氮）在根际土壤富集，从而提高根际土壤有机氮的含量。

　　番茄第一穗果膨大期，ReN1、ReN2、ReN3 和 ReN4 处理根际土壤全氮含量分别较 CK 处理提高了 23.86%、14.68%、8.33%、2.42%，番茄生育末期，ReN1、ReN2、ReN3 和 ReN4处理根际土壤全氮含量分别较 CK 处理提高了 21.17%、2.62%、4.47%、4.83%；番茄第二穗果膨大期，ReN1、ReN2、ReN3 和ReN4 处理根际土壤全氮含量分别较 CK 处理降低了 1.69%、5.35%、6.81%、6.46%；番茄第四穗果膨大期，ReN1、ReN2、ReN3 和 ReN4 处理根际土壤全氮含量分别较 CK 处理降低了2.97%、8.34%、11.73%、8.15%。

　　除第四穗果膨大期，ReN1、ReN2、ReN3 和 ReN4 处理番茄非根际土壤全氮含量低于 CK 处理外，第一穗果膨大期、第二穗果膨大期和生育末期，ReN1、ReN2、ReN3 和 ReN4 处理番茄非根际土壤全氮含量均高于 CK 处理。特别是番茄生育末期，ReN1 处理非根际土壤全氮含量较第一穗果膨大期增加 0.04g/kg，表明 ReN1 处理氮肥输入过量，造成氮在非根际土壤中的累积。第二穗果膨大期和第四穗果膨大期，再生水灌溉处理根际土壤全氮含量低于 CK 处理，这也进一步印证了再生水灌溉促进了番茄对土壤氮素的吸收利用。

2.3 再生水灌溉土壤氮素年际变化特征

2.3.1 年际矿化特征

土壤矿质氮含量是评价土壤肥力的重要指标之一，土壤矿质氮含量增加可以显著改善土壤氮素生物有效性和土壤供氮能力。2013—2015 年不同施氮再生水灌溉处理 0～60cm 土层矿质氮残留特征详见图 2.6。0～60cm 土壤矿质氮含量均值分析结果表明，与CK 处理相比，ReN1、ReN2、ReN3、ReN4 处理 0～60cm 土层矿质氮含量均值分别提高了 46.68％、43.46％、13.41％和 27.78％。再生水灌溉处理提高了 0～60cm 土层矿质氮含量。

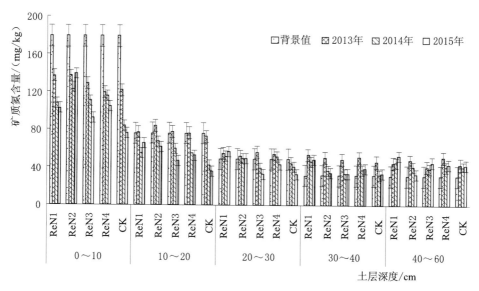

图 2.6　2013—2015 年不同施氮再生水灌溉处理
0～60cm 土层矿质氮残留特征

不同土层土壤矿质氮含量分析结果表明：2014 年、2015 年番茄收获后，ReN1、ReN2、ReN3 和 ReN4 处理 0～10cm 土层矿质氮残留量均值显著高于 CK 处理，分别提高了 32.29％、60.49％、26.31％、36.62％；ReN1、ReN2、ReN3 和 ReN4 处理 10～20cm

土层矿质氮残留量均值亦显著高于 CK 处理，分别提高了 59.13%、65.82%、36.02%、38.82%（$p<0.05$）。对于 20~30cm、30~40cm、40~60cm 土层，除 ReN1 处理土壤矿质氮的含量显著高于对照处理外，其他处理之间差异并不明显。这就表明，再生水灌溉提高了表层土壤矿质氮的含量，提高了土壤氮素利用效率。

2.3.2 年际残留特征

2013—2015 年不同施氮再生水灌溉处理 0~60cm 土层全氮残留特征详见图 2.7。0~60cm 土层全氮含量均值分析结果表明：与 CK 处理相比，除 ReN2 处理全氮含量均值提高了 5.71%之外，ReN1、ReN3 和 ReN4 处理全氮含量均值分别降低了 0.65%、2.52%和 5.20%，但差异并不明显（$p<0.05$）。

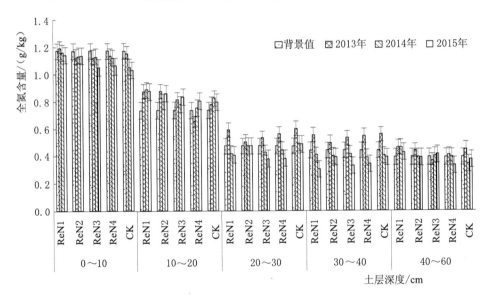

图 2.7　2013—2015 年不同施氮再生水灌溉处理
0~60cm 土层全氮残留特征

不同土层土壤全氮含量分析结果表明：2015 年番茄收获后，ReN1 和 ReN2 处理 0~10cm 土层全氮残留量显著高于 CK 处理，分别提高了 11.03%、10.52%；ReN1 处理 10~20cm 土层全氮残留量亦显著高于 CK 处理，达到了 10.00%（$p<0.05$）。对于 20~

30cm、30～40cm、40～60cm 土层，各处理土壤全氮的残留量差异并不明显（$p < 0.05$）。2013—2015 年 0～60cm 土层全氮残留特征表明，再生水作为一种"肥水"，具有明显施肥效应，可以有效减少化学肥料的添加量。

2.4 再生水灌溉土壤氮素消耗特征

2.4.1 矿质氮矿化利用特征

以 2015 年番茄种植前和收获后土壤矿质氮含量为例，不同处理番茄种植前后土壤矿质氮含量及矿化利用量详见图 2.8 和表 2.1。种植前再生水灌溉处理 0～10cm、30～40cm 土层土壤矿质氮的含量均显著高于 CK 处理，特别是 ReN2 和 ReN3 处理 0～10cm、10～20cm、20～30cm、30～40cm 土层土壤矿质氮的含量均显著高于 CK 处理。

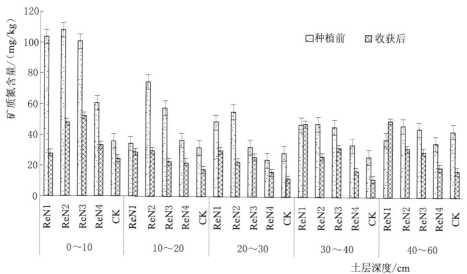

图 2.8　不同处理番茄种植前后土壤矿质氮含量

番茄收获后，ReN2 处理 0～10cm、10～20cm、20～30cm、30～40cm 土层土壤矿质氮矿化利用量分别为 60.00mg/kg、44.62mg/kg、32.75mg/kg、21.26mg/kg，均显著高于 CK 处理，

表 2.1　　不同处理番茄种植前后土壤矿化利用量　　单位：mg/kg

试验处理	土　层　深　度/cm				
	0～10	10～20	20～30	30～40	40～60
ReN1	75.76a	5.47d	18.59b	−0.28c	−11.90c
ReN2	60.00b	44.62a	32.75a	21.26a	14.91b
ReN3	48.34c	34.82b	6.42c	13.71b	14.52b
ReN4	27.00d	14.31c	7.68c	16.57b	15.46b
CK	11.17e	14.19c	16.48b	14.46b	25.71a

注　同一列小写字母表示不同处理间在 0.05 水平上差异显著性，下同。

分别提高了 4.37 倍、2.14 倍、0.99 倍、0.47 倍；ReN1 处理 10～20cm、30～40cm、40～60cm 土层土壤矿质氮矿化利用量分别为 5.47mg/kg、−0.28mg/kg、−11.90mg/kg，均显著低于 CK 处理，分别降低了 0.61 倍、1.02 倍、1.46 倍；特别是 ReN1、ReN2、ReN3、ReN4 处理 40～60cm 土层土壤矿质氮矿化利用量均显著低于 CK 处理，分别降低了 1.46 倍、0.42 倍、0.44 倍、0.40 倍。以上结果表明，再生水灌溉提高了 30cm 以上土层土壤矿质氮含量，但过量氮肥投入则会增加深层（40～60cm）土壤氮素矿化淋溶风险。

2.4.2　全氮残留特征

以 2015 年番茄种植前和收获后土壤全氮含量为例，不同施氮再生水灌溉处理土壤全氮含量和消耗量详见图 2.9 和表 2.2。种植前再生水灌溉处理各土层土壤全氮的含量与 CK 处理差异并不明显；番茄收获后，ReN1 处理 0～10cm、10～20cm、20～30cm、30～40cm、40～60cm 土层土壤全氮消耗量分别为 0.16g/kg、0.02g/kg、0.08g/kg、0.12g/kg、0.12g/kg，CK 处理 0～10cm、10～20cm、20～30cm、30～40cm、40～60cm 土层土壤全氮消耗量分别为 0.03g/kg、0.02g/kg、0.06g/kg、0.02g/kg、0.10g/kg，而 ReN4 处理 0～10cm、10～20cm、20～30cm 土层土壤全氮消耗量为 −0.01g/kg、−0.03g/kg、−0.01g/kg，ReN2 和 ReN3 处理 0～60cm 土层土壤全氮总消耗量分别为 0.06g/kg、0.03g/kg。表明 ReN1 和 CK 处理造

成了氮素在 0～60cm 土层土壤中的累积，而 ReN4 处理则表现出一定程度的亏缺，ReN2 和 ReN3 处理则基本维持土壤氮素平衡。

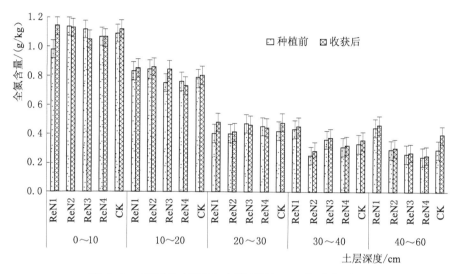

图 2.9 不同施氮再生水灌溉处理土壤全氮含量

表 2.2　　　　不同施氮再生水灌溉处理全氮消耗量　　　　单位：g/kg

试验处理	土　层　深　度/cm				
	0～10	10～20	20～30	30～40	40～60
ReN1	0.16c	0.02ab	0.08b	0.12b	0.12b
ReN2	−0.01b	0.02ab	0.01a	0.03a	0.01a
ReN3	−0.07a	0.09b	−0.01a	0.01a	0.01a
ReN4	−0.01b	−0.03a	−0.01a	0.01a	0.01a
CK	0.03bc	0.02ab	0.06b	0.02a	0.10b

注　全氮消耗量＝收获后全氮含量－种植前全氮含量。

2.5　再生水灌溉土壤氮素残留特征模拟

2.5.1　土壤氮素的环境因子响应特征

利用主成分分析（PCA）确定影响土壤氮素矿化量的环境因子（pH 值、OM、TN、TP、ΛK、IM、IY、Fer）。首先对不同处理环境因子进行标准化处理，消除量纲的影响，采用 $Z-score$ 方法进行标准化处理后［见式（2.1）、式（2.2）］，求解相关系数矩阵［见式（2.3）］，然后确定样本相关矩阵 R 的特征方程的特征根，当前面 m 个主分量 Z_1，Z_2，$\cdots$，$Z_m(m<p)$ 的方差和占前面总方差的比例 $\alpha \geqslant 0.85$［见式（2.4）］，前 m 个因子 Z_1，Z_2，$\cdots$，Z_m 为 1，2，$\cdots$，m 个主分量。把各环境因子的标准化数据分别代入各主成分的表达式中，即可以得出样本各主成分的得分 Z^*［见式（2.5）］。由表 2.3 可知，提取的第 1 主成分和第 2 主成分的特征值分别为 1.86、1.36，第 1 主成分和第 2 主成分的累计贡献率为86.33%，超过 85%，说明第 1 主成分和第 2 主成分基本反映了 8项指标的全部信息。

$$Z_{ij} = \frac{x_{ij} - \overline{x}_j}{\sqrt{\frac{1}{n-1}\left(\sum_{i=1}^{n}(x_{ij}-\overline{x}_{ij})^2\right)}} \tag{2.1}$$

$$\overline{x}_j = \frac{1}{n}\sum_{i=1}^{n}x_{ij} \tag{2.2}$$

$$R = \frac{1}{n-1}Z_{ij}^{\mathrm{T}}Z_{ij} = \frac{1}{n-1}Z_{ij}\begin{bmatrix} r_{11} & r_{12} & \cdots & r_{1p} \\ r_{21} & r_{22} & \cdots & r_{2p} \\ \vdots & \vdots & \vdots & \vdots \\ r_{n1} & r_{n2} & \cdots & r_{np} \end{bmatrix} \tag{2.3}$$

$$|R-\lambda I|=0, \alpha = \frac{\sum_{j=1}^{m}\lambda_j}{\sum_{j=1}^{p}\lambda_j} \times 0.85 \tag{2.4}$$

$$Z^* = \begin{bmatrix} \lambda_{11} & \lambda_{12} & \cdots & \lambda_{1m} \\ \lambda_{21} & \lambda_{22} & \cdots & \lambda_{2m} \\ \vdots & \vdots & \vdots & \vdots \\ \lambda_{i1} & \lambda_{i2} & \cdots & \lambda_{im} \end{bmatrix}\begin{bmatrix} x_{11} & x_{12} & \cdots & x_{1m} \\ x_{21} & x_{22} & \cdots & x_{2m} \\ \vdots & \vdots & \vdots & \vdots \\ x_{i1} & x_{i2} & \cdots & x_{im} \end{bmatrix} \tag{2.5}$$

式中　x_{ij}——环境因子；

　　　$\overline{x}_{ij}$——对应环境因子的均值，$i=1$，2，$\cdots$，n；$j=1$，

2，…，p；

Z_{ij}——对应环境因子的标准化值；

Z^*——样本各主成分的得分。

表 2.3 土壤氮素矿化各主成分的特征值、贡献率
和累计贡献率

主成分	特征值	贡献率/%	累计贡献率/%
1	1.86	49.87	49.87
2	1.36	36.46	86.33
3	0.21	5.63	91.96
4	0.16	4.29	96.25
5	0.14	3.75	100.00

PCA 前两轴特征值分别为 0.54、0.40，土壤氮素与环境因子排序轴的相关系数为 0.998 和 0.996，因此排序图能够反映土壤氮素与环境因子之间的关系（图 2.10）。PCA 排序图中箭头连线的长短与夹角表示土壤氮素与环境因子的相关性，灌溉年数（IY）、氮肥追施量（Fer）与土壤氮素矿化的夹角较小，且处于同一象限，表明灌溉年数（IY）、氮肥追施量（Fer）是影响土壤氮素矿化的主要因子。

2.5.2 土壤氮素矿化特征模拟

利用 Matlab 计算分析不同灌溉年数、氮肥追施量对不同土层土壤矿质氮残留累积量的相关关系，以灌溉年数、氮肥追施量为自变量，土壤矿质氮残留累积量为因变量，不同氮肥追施水平再生水灌溉土壤矿质氮残留累积耦合模型可近似表达为

$$N_{\min} = a + bI + cF + b_1 I^2 + dFI + c_1 F^2 \qquad (2.6)$$

式中 $N_{\min}$——土壤矿质氮残留量，mg/kg；

                I——灌溉年数，a；

                F——氮肥追施量，kg/hm²；

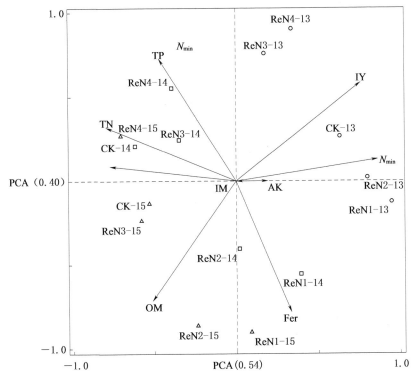

图 2.10　土壤矿质氮残留量与环境因子主成分析（PCA）结果

a、b、c、d、b_1、c_1——土壤氮素矿化相关经验参数。

　　不同氮肥追施水平再生水灌溉土壤矿质氮残留累积耦合模型参数取值详见表 2.4，不同土层土壤矿质氮残留量与氮肥追施量和灌溉年数的模拟结果详见图 2.11。模拟结果表明，不同土层土壤矿质氮残留量与灌溉年数、氮肥追施量耦合模型的相关系数大于0.62（20～30cm、30～40cm 土层除外），构建的数学模型均方根误差小于 15，实测值与预测值的相对误差仅为 18.56%，构建数学模型可用于描述土壤矿质氮残留量与灌溉年数、氮肥追施量的关系。总体来看，0～60cm 以上土层土壤矿质氮残留量随氮肥追施量的增加呈先减小后增加的趋势，随灌溉年数的变化也呈相同的变化趋势。这可能主要是因为施氮和灌溉促进氮素矿化和作物吸收利用，随施氮量的增加，土壤微生物同化和作物竞争反而会降低氮素利用效率，增加土壤矿质氮残留量。

**表 2.4   不同氮肥追施水平再生水灌溉土壤矿质氮残留累积耦合
模型参数取值**

土层深度 /cm	参数							
	a	b	c	d	b_1	c_1	R^2	$RMSE$
0～10	317.4	−1.91	−7.987	0.024	0.004	0	0.86	14.85
10～20	111.1	−6.862	−0.194	0.015	−1.314	0	0.62	9.85
20～30	150.0	−1.283	0.763	0.028	−1.767	0.001	0.45	5.96
30～40	107.2	17.00	−0.690	0.020	−4.376	0.001	0.50	6.46
40～60	86.78	13.48	−0.506	0.019	−3.091	0	0.62	4.96

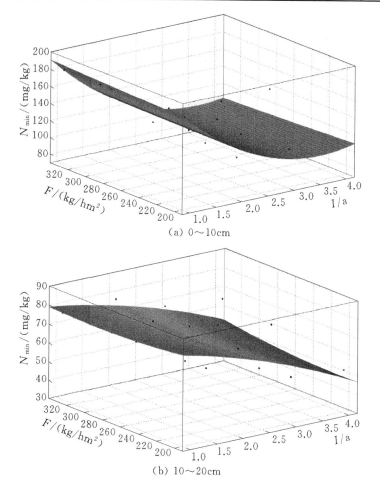

图 2.11（一）   不同土层土壤矿质氮残留量（N_{min}）与氮肥追施量（F）
和灌溉年数（I）的模拟结果

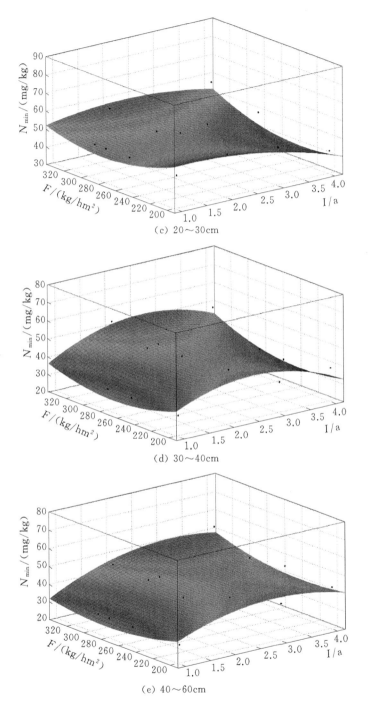

图 2.11（二）　不同土层土壤矿质氮残留量（N_{min}）与氮肥追施量（F）

和灌溉年数（I）的模拟结果

2.5.3 土壤氮素累积特征模拟

以灌溉年数、氮肥追施量为自变量，土壤全氮残留量为因变量，通过 Matlab 数学工具，采用多项式拟合灌溉年数、氮肥追施量与不同土层土壤全氮残留量的相关关系，不同氮肥追施水平再生水灌溉土壤全氮残留累积耦合模型可近似表达为

$$TN = e + fI + iF + gIF + f_1 I^2 + i_1 F^2 \qquad (2.7)$$

式中　　　　　　　TN——土壤全氮残留量，g/kg；

　　　　　　　　　I——灌溉年数，a；

　　　　　　　　　F——氮肥追施量，kg/hm^2；

e、f、i、g、f_1、i_1——土壤氮素固定相关经验参数。

不同氮肥追施水平再生水灌溉土壤全氮残留累积耦合模型参数取值详见表 2.5，不同土层土壤全氮残留量与氮肥追施量和灌溉年数的模拟结果详见图 2.12。模拟的结果表明，不同土层土壤全氮残留量与灌溉年数、氮肥追施量耦合模型的相关系数介于 0.43～0.66 之间，预测值与实测值的相对误差超过 20%。总体来看，20cm 以上土层土壤全氮残留量随氮肥追施量增加呈先减小后增大趋势，随灌溉年数增加呈减小趋势，而 20cm 以下土层土壤全氮残留量随氮肥追施量、灌溉年数增加均呈先增加后减小趋势。土壤全氮残留量除受灌溉、施肥等影响，还受到动植物残体输入（如植物根系残留、土壤动物和微生物残体等）影响，制约耦合模型的预测精度。

表 2.5　不同氮肥追施水平再生水灌溉土壤全氮残留累积

耦合模型参数取值

土层深度 /cm	参数							
	e	f	i	g	f_1	i_1	R^2	$RMSE$
0～10	1.527	−0.047	−0.003	0.0001	−0.003	0	0.63	0.03
10～20	0.402	0.054	0.001	0	−0.008	0	0.58	0.05
20～30	0.311	0.081	0	0.0001	−0.028	0	0.47	0.05
30～40	0.205	0.146	0.001	0	−0.037	0	0.66	0.05
40～60	0.597	0.007	−0.002	0.0001	−0.01	3.547×10^{-6}	0.43	0.03

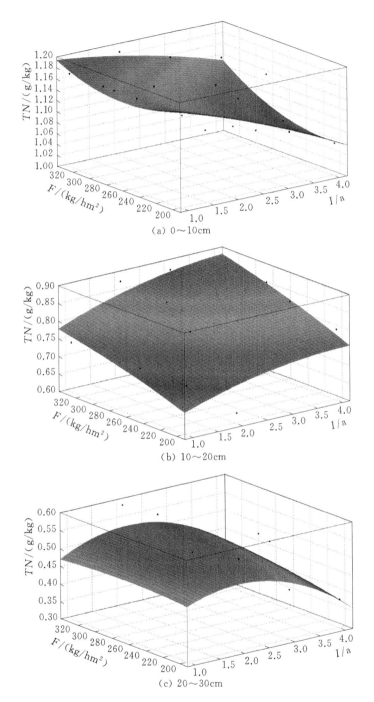

(a) 0～10cm

(b) 10～20cm

(c) 20～30cm

图 2.12（一）　不同土层土壤全氮残留量（TN）与氮肥追施量（F）和
灌溉年数（I）的模拟结果

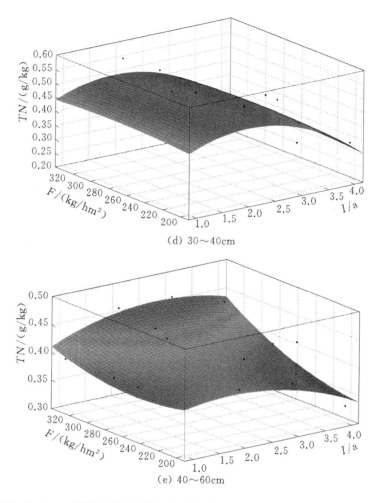

图 2.12（二） 不同土层土壤全氮残留量（TN）与氮肥追施量（F）和
灌溉年数（I）的模拟结果

2.6 本 章 小 结

（1）根层土壤全氮含量变化表明，0～30cm 土层设施土壤全氮含量占 0～60cm 土层的 62％以上，土壤矿质氮的消耗主要集中在 30cm 以上土层；番茄对土壤矿质氮的利用以根际土壤为主。与清水灌溉常规氮肥追施相比，再生水灌溉促进了土壤有机氮的矿化，进而提高了根际、非根际土壤矿质氮的含量；特别是根际土壤全氮含量均值较非根际土壤提高了 8.70%，原因可能在于根际土壤微生物活动强烈，土壤微生物的同化固定作用（微生物量氮），从而提高根际土壤全氮含量。

（2）土壤矿质氮及矿化利用变化分析表明，再生水灌溉显著提高了 0~10cm 土层矿质氮含量，促进了 30cm 以上土层土壤氮素矿化，但再生水灌溉常规氮肥追施显著增加了 40~60cm 土层土壤矿质氮的积累，增幅高达 31.64%。显而易见，深层土壤硝酸盐氮的积累可能会增加向下层土壤淋溶，甚至污染浅层地下水的风险。

（3）灌溉 3 年后，再生水和清水灌溉常规氮肥追施处理 0~60cm 土层土壤全氮含量分别增加了 0.50g/kg、0.23g/kg，造成了氮素在 0~60cm 土层土壤中的累积，而再生水灌溉氮肥追施减量 50% 处理 0~60cm 土层土壤全氮含量则降低了 0.03g/kg，表现出一定程度的亏缺，再生水灌溉氮肥追施减量 20%~30% 处理则可基本维持 0~60cm 土层土壤的氮素平衡。

（4）采用主成分分析法，明确了土壤氮素矿化的主要环境因子为灌溉年数、施肥量；采用多元回归分析方法，分别构建了土壤矿质氮残留量、全氮残留量与灌溉年数、氮肥追施量的耦合模型。模拟结果表明，根层土壤矿质氮含量随氮肥追施量的增加呈先减小后增加的趋势，随灌溉年数的增加呈先增加后减小的趋势；而表层全氮含量随氮肥追施量增加呈先减小后增大趋势，随灌溉年数的增加呈减小趋势，下层全氮含量随氮肥追施量、灌溉年数的增加均呈先增加后减小趋势。

第3章 再生水灌溉对土壤酶活性的影响

土壤酶是由土壤微生物、动植物活体分泌及由动植物残体分解释放的一类具有催化作用的蛋白,它参与元素的生物化学循环以及有机化合物的分解,其活性反映了土壤生物化学过程的方向和强度。与碳氮转化密切的土壤酶,如脲酶、过氧化氢酶、蔗糖酶、多酚氧化酶等,是碳氮代谢的执行者。如土壤脲酶催化有机氮水解生成氨、二氧化碳和水,其活性的提高能促进土壤中的有机氮向有效氮的转化;亚硝酸盐氧化还原酶催化亚硝酸盐至硝酸盐的氧化反应;淀粉酶可将淀粉水解成麦芽糖,再经 α-葡糖苷酶水解成葡萄糖参与土壤有机质的代谢。为了研究氮素转化关键酶活性对再生水灌溉的响应过程和特征,通过土壤脲酶活性、蔗糖酶活性、淀粉酶活性、过氧化氢酶活性年际变化特征的分析,探明再生水灌溉施氮对土壤氮素转化关键酶活性的调控作用和链条关系。

3.1 试验设计、观测内容与方法

3.1.1 试验设计

3.1.1.1 田间试验

试验共设 5 个处理,每个处理重复 3 次,田间试验小区布置详见图 2.1。ReN1 处理:再生水灌溉+常规氮肥追施处理,即每次追施氮肥量为 90kg/hm²;ReN2 处理:再生水灌溉+氮肥追施减量 20%,即每次追施氮肥量为 72kg/hm²;ReN3 处理:再生水灌溉+氮肥追施减量 30%,即每次追施氮肥量为 63kg/hm²;ReN4 处理:

43

再生水灌溉＋氮肥追施减量 50%，即每次追施氮肥量为 45kg/hm²；CK 处理：清水灌溉＋常规氮肥追施处理，即每次追施氮肥量为 90kg/hm²。其他田间管理措施完全一致。

3.1.1.2　室内试验

选择城市生活污水再生水（A²/O 处理）及清水（自来水）灌溉。再生水灌溉年数分别为 1 年、2 年、3 年、4 年、5 年，表层土壤（0～60cm）样本，每组设置平行样本 5 个。每个小区利用直径 3.5cm 标准土钻取土壤样本，土壤样本采集采用 5 点取样法，混合均匀成 1 个样本，取样时间分别为 2013 年 8 月、2014 年 8 月、2015 年 8 月。

培养试验开始前，称取上述过 2mm 筛的风干土样 250g 放于三角瓶内，加蒸馏水至田间持水量，瓶口盖上封口膜，在封口膜上用针均匀扎 3 个小孔以创造通气环境并减少水分损失，预培养 1 周恢复土壤微生物活性。将三角瓶置于 25℃恒温培养箱中培养，在整个培养期间，每隔 2 天打开培养箱门通气 1h，通过称重法补充水分保持土壤湿度。在培养的第 0 天、第 7 天、第 14 天、第 21 天、第 28 天、第 35 天、第 42 天从每个培养瓶中分别取样。通过土壤碳氮循环酶活性测定，明确灌溉水质对碳氮循环酶活性的影响。

3.1.2　观测内容与测定方法

3.1.2.1　测试内容

土壤测试指标为脲酶、蔗糖酶、淀粉酶和过氧化氢酶。土壤脲酶活性、蔗糖酶活性、淀粉酶活性、过氧化氢酶活性分别采用苯酚钠比色法、3,5-二硝基水杨酸比色法、3,5-二硝基水杨酸比色法、高锰酸钾滴定法测定。

3.1.2.2　数据处理与统计分析

所有田间和室内试验数据用 Microsoft Excel 2013 绘图；用 DPS 14.50 软件中的单因素方差分析和两因素方差分析进行显著性分析，利用邓肯氏新复极差法进行多重比较，置信水平为 0.05。

3.2 施氮和灌溉水质对土壤脲酶活性的影响

3.2.1 不同灌溉水质下土壤脲酶活性年际变化特征

2013—2016 年不同灌溉水质土壤脲酶活性动态变化详见图 3.1。再生水和清水灌溉处理土壤脲酶活性主要表现为，土壤脲酶活性随土层深度的增加而显著降低（$p < 0.05$）；2013—2015 年，再生水灌溉处理 0～10cm、10～20cm、20～30cm 土层土壤脲酶活性均高于清水灌溉处理，分别较清水灌溉处理提高了 10.35%、18.16%、16.50%；再生水灌溉处理 30～40cm、40～60cm 土层土壤脲酶活性均低于清水灌溉处理，分别较清水灌溉处理降低了7.43%、30.95%。总体来说，与清水灌溉相比，再生水灌溉显著提高了 30cm 以上土层的土壤脲酶活性。

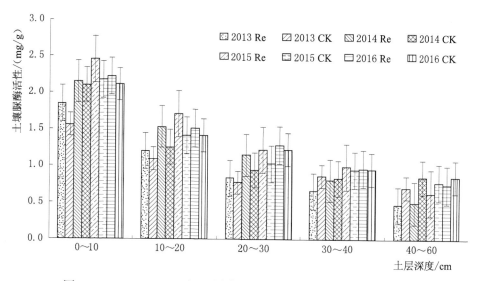

图 3.1 2013—2016 年不同灌溉水质土壤脲酶活性动态变化

3.2.2 施氮水平对土壤脲酶活性的影响

再生水灌溉不同施氮水平下根层土壤脲酶活性动态变化见图

3.2。0～10cm、10～20cm 土层土壤脲酶活性依次为：ReN2＞ReN3＞ReN4＞ReN1，20～30cm、30～40cm、40～60cm 土层土壤脲酶活性依次为：ReN3＞ReN4＞ReN2＞ReN1；与 ReN1 处理相比，ReN2 处理显著提高了 0～10cm、10～20cm、20～30cm、30～40cm、40～60cm 土层土壤脲酶活性，分别提高了 28.30％、77.21％、17.96％、18.36％、14.86％；ReN3 和 ReN4 处理也表现出相同的趋势，特别是 ReN4 处理显著提高了 10～20cm、20～30cm、30～40cm、40～60cm 土层土壤脲酶活性，分别提高了 29.16％、27.11％、23.43％、53.72％。由此可见，再生水灌溉氮肥追施减量可以提高 0～60cm 土层土壤脲酶活性，而再生水灌溉常规氮肥追施显著抑制了土壤脲酶活性（$p < 0.05$）。

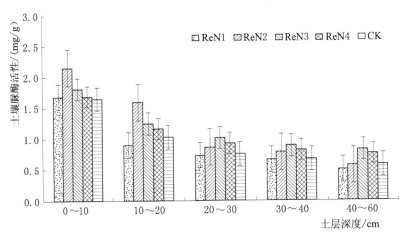

图 3.2　再生水灌溉不同施氮水平下根层土壤脲酶活性动态变化

3.2.3　土壤脲酶活性年际变化特征

不同灌溉年份的土壤脲酶活性动态变化见图 3.3。再生水不同灌溉年份不同土层土壤脲酶活性呈先增加后小幅降低的趋势，并在灌溉 3 年后不同土层土壤脲酶活性达到峰值（40～60cm 土层除外），灌溉 3 年后，0～10cm、10～20cm、20～30cm、30～40cm 土层土壤脲酶活性分别为 2.454mg/g、1.713mg/g、1.218mg/g、0.911mg/g，与 2013 年相比，分别提高了 32.39％、42.09％、

46.11％、50.15％；清水不同灌溉年份不同土层土壤脲酶活性呈逐年增加趋势，灌溉 4 年后不同土层土壤脲酶活性分别为 2.116mg/g、1.419mg/g、1.226mg/g、0.961mg/g、0.850mg/g，与 2013 年相比，分别提高了 35.05％、29.09％、57.70％、11.03％、20.26％。总的来说，与清水灌溉相比，再生水灌溉可提高根层土壤脲酶活性，但随着灌溉年数的增加，再生水灌溉 40cm 以上土层土壤脲酶活性呈先增加后降低的趋势，而 40cm 以下土层土壤脲酶活性呈增加趋势。

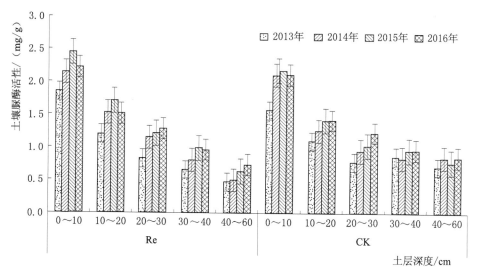

图 3.3　不同灌溉年份的土壤脲酶活性动态变化

3.3　施氮和灌溉水质对土壤蔗糖酶活性的影响

不同施氮水平不同水质处理下土壤蔗糖酶活性动态变化见图 3.4。0～10cm、10～20cm、20～30cm、30～40cm、40～60cm 土层土壤蔗糖酶活性依次为 ReN2＞ReN4＞ReN1＞ReN3、ReN4＞ReN3＞ReN2≈ReN1、ReN3＞ReN4≈ReN2＞ReN1、ReN4＞ReN3＞ReN2＞ReN1、ReN4＞ReN3＞ReN1＞ReN2，表明再生水灌溉减施追肥可以显著提高不同土层土壤蔗糖酶活性（$p < 0.05$）；

与 CK 处理相比，ReN1 处理 0～10cm、10～20cm、20～30cm、30～40cm、40～60cm 土层土壤蔗糖酶活性显著降低，分别降低了 63.09％、27.45％、46.63％、66.05％、30.96％，表明再生水灌溉常规氮肥追肥处理显著降低了土壤蔗糖酶活性（$p < 0.05$）；但 0～10cm、10～20cm、20～30cm、30～40cm、40～60cm 土层土壤蔗糖酶活性的最大值对应处理分别为 ReN2、ReN4、ReN3、ReN4 和 ReN4。

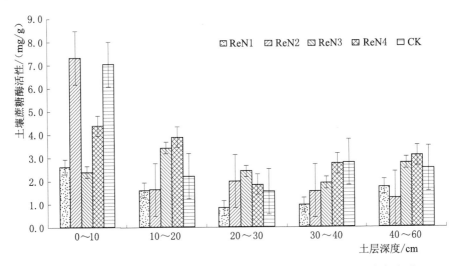

图 3.4　不同施氮水平不同水质处理下土壤蔗糖酶活性动态变化

3.4　施氮和灌溉水质对土壤淀粉酶活性的影响

不同施氮水平不同水质处理下土壤淀粉酶活性动态变化详见图 3.5。0～10cm、10～20cm、20～30cm、30～40cm、40～60cm 土层土壤淀粉酶活性依次为：ReN2＞ReN3＞ReN4＞ReN1、ReN2＞ReN3＞ReN1＞ReN4、ReN2＞ReN1＞ReN3＞ReN4＞CK、ReN2＞ReN1＞ReN3＞ReN4、ReN2＞ReN3＞ReN1＞ReN4，表明再生水灌溉减施追肥显著提高了 0～10cm、20～30cm、30～40cm、40～60cm 土层土壤淀粉酶活性（$p < 0.05$）；与 CK 处理相比，ReN1 处理 0～10cm、10～20cm、20～30cm、30～40cm 土层土壤蔗糖酶

活性分别提高了 18.49％、36.35％、19.01％、8.32％，其中 0～10cm、10～20cm、20～30cm 土层土壤淀粉酶活性显著增加（$p<$ 0.05）。

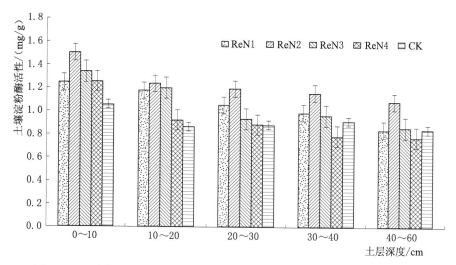

图 3.5　不同施氮水平和不同水质处理下土壤淀粉酶活性动态变化

3.5　施氮和灌溉水质对土壤过氧化氢酶活性的影响

3.5.1　不同灌溉水质下土壤过氧化氢酶活性年际变化特征

2013—2016 年再生水及清水灌溉下土壤过氧化氢酶活性动态变化详见图 3.6。再生水和清水灌溉处理对土壤过氧化氢酶活性随土层深度的增加有增加趋势；2013—2015 年，再生水灌溉处理 0～10cm、10～20cm、20～30cm、30～40cm、40～60cm 土层土壤过氧化氢酶活性的均值低于清水灌溉处理，分别较清水灌溉处理降低了 19.16％、19.05％、25.18％、8.52％、5.54％；2016 年，再生水灌溉处理 0～10cm、10～20cm、20～30cm、30～40cm 土层土壤过氧化氢酶活性均高于清水灌溉处理，分别较清水灌溉处理增加了 4.45％、3.00％、4.17％、4.39％；特别是 2016 年 0～10cm、

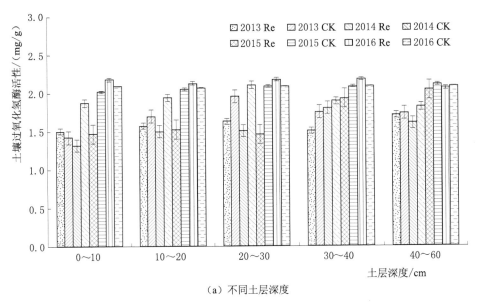

（a）不同土层深度

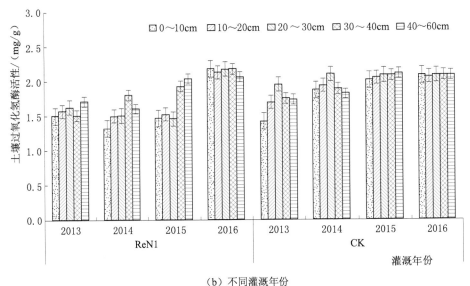

（b）不同灌溉年份

图 3.6　2013—2016 年再生水及清水灌溉下土壤过氧化氢酶活性动态变化

10～20cm、20～30cm、30～40cm、40～60cm 土层土壤过氧化氢酶活性，再生水灌溉、清水灌溉处理均显著高于 2013 年（$p <$ 0.05），增幅达到 20.62% ～44.85%。这就表明，与清水灌溉相比，再生水灌溉显著降低了 0～30cm 以上土层土壤过氧化氢酶活性（p

<0.05），但对 30cm 以下土层土壤过氧化氢酶活性影响并不明显；因此，随着灌溉年数增加，根层土壤过氧化氢酶活性呈显著增加趋势。可见，再生水灌溉提高了根层土壤缓冲能力，即提高土壤对外界环境胁迫的应对和解毒能力。

3.5.2 施氮水平对土壤过氧化氢酶活性的影响

再生水灌溉不同施氮水平下土壤过氧化氢酶活性动态变化详见图 3.7。再生水灌溉和施氮对土壤过氧化氢酶活性影响主要表现为，0～10cm 土层土壤过氧化氢酶活性大小依次为：ReN1＞ReN2＞ReN3＞ReN4，10～20cm 土层土壤过氧化氢酶活性大小依次为：ReN2＞ReN1＞ReN3＞ReN4，20～30cm、30～40cm 土层土壤过氧化氢酶活性大小依次为：ReN1＞ReN2＞ReN4＞ReN3，40～60cm 土层土壤过氧化氢酶活性大小依次为：ReN2＞ReN1＞ReN4＞ReN3。

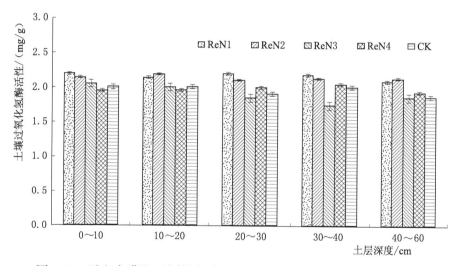

图 3.7 再生水灌溉不同施氮水平下土壤过氧化氢酶活性动态变化

与 ReN4 相比，ReN1 处理显著提高了 0～10cm、10～20cm、20～30cm、40～60cm 土层土壤过氧化氢酶活性，分别提高了 12.25%、8.92%、9.68%、8.15%，但与 ReN2 处理相比，各土层土壤过氧化氢酶活性差异并不明显（$p < 0.05$）。可见，再生水灌溉氮肥追施减量 20% 可以提高 0～60cm 土层土壤过氧化氢酶活性，

但氮肥减施50％处理则显著降低了0～60cm土层土壤过氧化氢酶活性，这将会限制设施蔬菜再生水农业安全利用。

3.5.3 土壤过氧化氢酶活性年际变化特征

不同灌溉年数土壤过氧化氢酶活性动态变化详见图3.8。再生水不同灌溉年数下土壤过氧化氢酶活性呈增加趋势，灌溉4年后，0～10cm、10～20cm、20～30cm、30～40cm、40～60cm土层土壤过氧化氢酶活性分别为2.178mg/g、2.127mg/g、2.175mg/g、2.180mg/g、2.062mg/g，显著高于2013年（$p < 0.05$）；清水不同灌溉年数土壤过氧化氢酶活性亦呈逐年增加趋势，灌溉4年后不同土层土壤过氧化氢酶活性分别为2.086mg/g、2.065mg/g、2.088mg/g、2.088mg/g、2.086mg/g，与2013年相比，分别提高了46.41％、21.77％、6.78％、19.26％、20.13％。可见，土壤过氧化氢酶活性随灌溉年数的增加而逐渐增加（图3.9）。2013—2016年，10～20cm、20～30cm、30～40cm土层土壤，再生水灌溉处理过氧化氢酶活性均值增幅为CK处理的0.62倍、3.93倍、1.31倍。过氧化氢酶活性与土壤有机质含量和微生物数量有关，过氧化氢酶活性可作为土壤肥力的表征因子之一，同时，过氧化氢酶能分解土壤中的

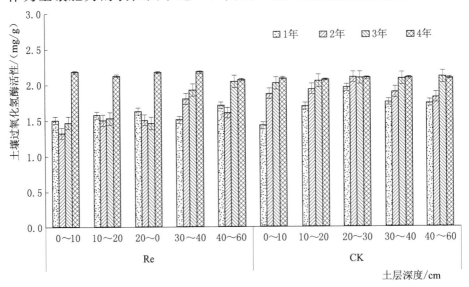

图3.8 不同灌溉年数土壤过氧化氢酶活性动态变化

过氧化氢，防止胁迫产生的过氧化氢对生物体的毒害，表明再生水灌溉提高了根层土壤有机质含量，进而提高了土壤肥力和缓冲性能。

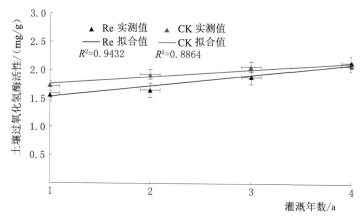

图 3.9　再生水和清水不同灌溉年数土壤过氧化氢酶活性变化趋势

3.6　再生水灌溉土壤氮素转化关键酶活性变化特征模拟

3.6.1　土壤关键酶活性的环境因子响应特征

利用主成分分析（PCA）确定影响土壤脲酶活性（UA）、过氧化氢酶活性（CATA）的环境因子（pH 值、OM、TN、TP、AK、IM、IY、Fer、N_{min}）。由表 3.1 可知，提取的第 1 主成分和第 2 主成分的特征值分别为 1.72、4.12，第 1 主成分和第 2 主成分的贡献率为 85.38%，超过 85%，说明第 1 主成分和第 2 主成分基本反映了 8 项指标的全部信息。

PCA 前两轴特征值分别为 0.97、0.03，土壤脲酶、过氧化氢酶与环境因子排序轴的相关系数为 0.972 和 0.999，因此排序图能够反映土壤关键酶活性与环境因子之间的相关关系（图 3.10）。PCA 排序图中箭头连线的长短与夹角表示土壤酶活性与环境因子的相关性，灌溉年数（IY）、氮肥追施量（Fer）与土壤氮素的夹

表3.1 **土壤酶活性变化各主成分的特征值、**
贡献率和累计贡献率

主成分	特征值	贡献率/%	累计贡献率/%
1	1.72	25.15	25.15
2	4.12	60.23	85.38
3	0.68	9.94	95.32
4	0.24	3.51	98.83
5	0.08	1.17	100.00

角较小，且处于同一象限，表明灌溉年数（IY）、氮肥追施量（Fer）是影响土壤关键酶活性的主要因子。

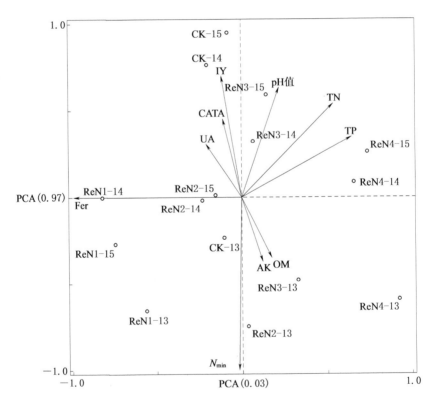

图 3.10 土壤氮转化关键酶活性与环境因子主成分分析结果

3.6.2 土壤脲酶活性变化特征模拟

以灌溉年数、灌溉水质为自变量，土壤脲酶活性为因变量，通过 Matlab 数学工具库，采用多项式拟合灌溉年数、灌溉水质与不同土层土壤脲酶活性的相关关系，再生水灌溉土壤脲酶活性耦合模型可近似表达为

$$UA = a + bW + cI + dWI + c_1I^2 \qquad (3.1)$$

式中　　　　　UA——土壤脲酶活性，mg/g；

　　　　　　　　I——灌溉年数，a；

　　　　　　　　W——灌溉水质；

a、b、c、d、c_1——反映土壤脲酶活性变化的相关经验参数。

不同灌溉年数不同土层深度再生水灌溉土壤脲酶活性值详见表3.2。不同再生水灌溉年数土壤脲酶活性耦合模型参数取值详见表3.3，不同土层土壤脲酶活性与灌溉水质和灌溉年数的模拟结果详见图3.11。模拟结果表明，土壤脲酶活性与灌溉年数、灌溉水质的相关性系数均大于 0.87，构建的数学模型均方根误差小于 0.08。特别是 0~30cm 土层土壤脲酶活性与灌溉水质呈线性正相关，与灌溉年数呈曲线相关（开口向下）；大于 30cm 土层土壤脲酶活性与灌溉水质呈线性负相关，与灌溉年数呈线性正相关；土壤脲酶活性实测值与预测值的相对误差仅为 8.50%。

表 3.2　　　　　不同灌溉年数不同土层深度再生水

灌溉土壤脲酶活性值　　　　单位：mg/g

灌溉水质	土层深度 /cm	灌溉年数/a			
		1	2	3	4
再生水	0~10	1.853	2.149	2.454	2.224
	10~20	1.206	1.535	1.713	1.513
	20~30	0.833	1.153	1.218	1.285
	30~40	0.660	0.807	0.991	0.968
	40~60	0.472	0.500	0.635	0.744

续表

灌溉水质	土层深度/cm	灌溉年数/a			
		1	2	3	4
清水	0～10	1.567	2.107	2.177	2.116
	10～20	1.099	1.256	1.414	1.419
	20～30	0.777	0.945	1.028	1.226
	30～40	0.865	0.837	0.953	0.961
	40～60	0.707	0.848	0.774	0.850

表3.3   不同再生水灌溉年数土壤脲酶活性
耦合模型参数取值

土层深度/cm	a	b	c	d	c_1	R^2	RMSE
0～10	1.364	0.816	−0.253	0.030	−0.141	0.96	0.08
10～20	0.991	0.534	−0.200	0.002	−0.085	0.92	0.08
20～30	0.758	0.281	−0.130	0.001	−0.028	0.94	0.07
30～40	0.272	0.265	0.224	−0.070	−0.017	0.87	0.06
40～60	0.004	0.145	0.356	−0.060	0.002	0.93	0.06

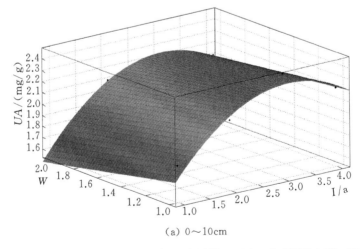

(a) 0～10cm

图3.11（一） 不同土层土壤脲酶活性（UA）与灌溉水质（W）
和灌溉年数（I）的模拟结果

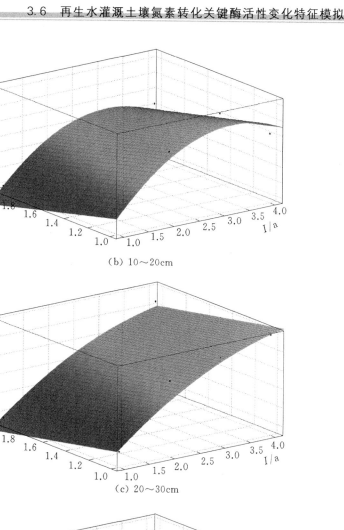

(b) 10～20cm

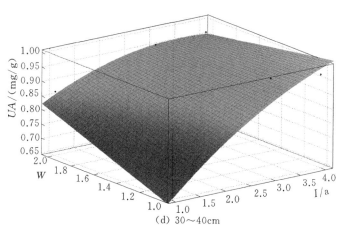

(c) 20～30cm

(d) 30～40cm

图 3.11（二） 不同土层土壤脲酶活性（UA）与灌溉水质（W）
和灌溉年数（I）的模拟结果

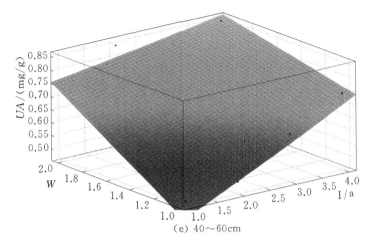

图3.11（三） 不同土层土壤脲酶活性（UA）与灌溉水质（W）和灌溉年数（I）的模拟结果

3.6.3 土壤过氧化氢酶活性变化特征模拟

以灌溉年数、灌溉水质为自变量，土壤过氧化氢酶活性为因变量，通过 Matlab 数学工具库，采用多项式拟合灌溉年数、灌溉水质与不同土层土壤过氧化氢酶活性的相关关系，再生水灌溉土壤过氧化氢酶活性耦合模型可近似表达为

$$CATA = a' + b'W + c'I + d'WI + c_1'I^2 \qquad (3.2)$$

式中 $CATA$——土壤过氧化氢酶活性，mg/g；

              I——灌溉年数，a；

              W——灌水水质；

a'、b'、c'、d'、c_1'——反映土壤过氧化氢酶活性变化的相关经验参数。

不同灌溉年数不同土层再生水灌溉土壤过氧化氢酶活性值见表3.4，不同再生水灌溉年数土壤过氧化氢酶活性耦合模型参数取值详见表3.5，不同土层土壤过氧化氢酶活性与灌溉水质和灌溉年数的模拟结果详见图3.12。模拟的结果表明，土壤过氧化氢酶活性与灌溉年数、灌溉水质的相关性系数均大于0.75，构建的数学模型均方根误差小于0.26。特别是0～60cm 土层土壤过氧化氢酶活性与灌溉水质呈线性负相关；0～30cm 土层土壤过氧化氢酶活性与灌溉年数呈曲线相关（开口向上），而 30cm 以下土层土壤过氧化氢酶活性与灌溉年数呈线性正相关；土壤过氧化氢酶活性实测值与预测值的相对误差小于 12.48%。

表 3.4　　　　不同灌溉年数不同土层再生水灌溉
土壤过氧化氢酶活性值　　　　单位：mg/g

灌溉水质	土层深度 /cm	灌 溉 年 数/a			
		1	2	3	4
再生水	0～10	1.504	1.574	1.630	1.509
	10～20	1.320	1.501	1.506	1.802
	20～30	1.469	1.525	1.462	1.927
	30～40	2.178	2.127	2.175	2.180
	40～60	1.425	1.696	1.955	1.751
清水	0～10	1.871	1.937	2.103	1.891
	10～20	2.016	2.050	2.088	2.083
	20～30	2.086	2.065	2.088	2.088
	30～40	1.504	1.574	1.630	1.509
	40～60	1.320	1.501	1.506	1.802

表 3.5　　　不同再生水灌溉年数土壤过氧化氢酶活性
耦合模型参数取值

土层深度 /cm	参 数						
	a'	b'	c'	d'	c_1'	R^2	$RMSE$
0～10	1.156	−0.102	0.242	−0.004	0.646	0.75	0.262
10～20	1.171	−0.066	0.371	−0.046	0.056	0.77	0.194
20～30	1.059	−0.151	0.667	−0.121	0.086	0.76	0.220
30～40	0.878	0.417	0.332	−0.094	−0.022	0.98	0.05
40～60	1.373	0.152	0.121	−0.015	0.002	0.77	0.148

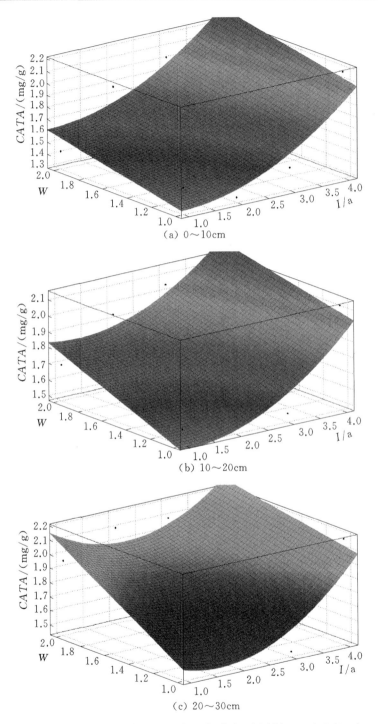

图 3.12（一）　不同土层土壤过氧化氢酶活性（$CATA$）与
灌溉水质（W）和灌溉年数（I）的模拟结果

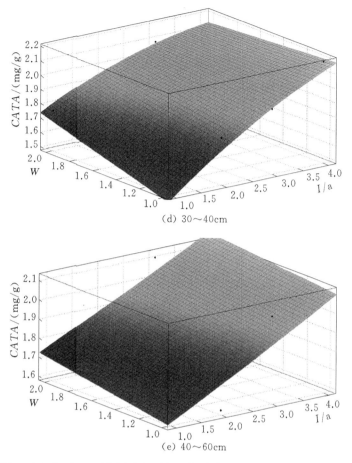

(d) 30~40cm

(e) 40~60cm

图 3.12（二）　不同土层土壤过氧化氢酶活性（*CATA*）与
灌溉水质（*W*）和灌溉年数（*I*）的模拟结果

3.7　本　章　小　结

　　土壤酶参与土壤中的生物化学反应，是土壤的组成成分之一，主要来源于土壤微生物生化活动、根系生化活动和土壤动物生化活动，灌溉、施肥等环境因子调节土壤酶的催化能力和相应酶促反应；在一定程度上，土壤酶活性是揭示土壤代谢作用强度及其维持作物生长条件的重要指标。本章主要研究结论如下：

　　（1）与清水灌溉常规氮肥追施处理相比，再生水灌溉显著提高了 0～30cm 土层土壤脲酶活性；与再生水灌溉常规氮肥追施处理相比，再生水灌溉氮肥追施减量 20％～30％可显著提高 60cm 以上土层土壤脲酶活性；但随着灌溉年数的增加，再生水灌溉 30cm 以上土层土壤脲酶活性先增加后降低，灌溉 4 年后，再生水灌溉 0～60cm 土层土壤脲酶活性均低于清水灌溉（10～20cm 土层土壤除外）。

（2）与清水灌溉常规氮肥追施相比，再生水灌溉氮肥追施减量处理可以显著提高不同土层土壤蔗糖酶活性；同时，再生水灌溉氮肥追施减量 20％可显著提高表层和下层土壤淀粉酶活性，这就表明再生水灌溉氮肥追施减量 20％～30％处理可以显著提高 0～60cm 土层土壤蔗糖酶和淀粉酶活性。

（3）与清水灌溉常规氮肥追施处理相比，再生水灌溉显著提高了 0～30cm 土层土壤过氧化氢酶活性，即提高土壤对外界环境胁迫的应对和解毒能力；此外，再生水灌溉氮肥追施减量 20％可以提高 0～60cm 土层土壤过氧化氢酶活性，但氮肥追施减量过量则显著降低了 0～60cm 土层土壤过氧化氢酶活性；再生水灌溉土壤过氧化氢酶活性随着灌溉年数增加而逐渐增加；随着灌溉年数的增加，0～60cm 土层土壤过氧化氢酶活性均表现出明显的增加趋势，特别是再生水灌溉处理，灌溉 4 年后，10～20cm、20～30cm、30～40cm 土层土壤过氧化氢酶活性增幅为清水灌溉处理的 0.62 倍、3.93 倍、1.31 倍；这主要是因为再生水及人工增施氮肥可以改善土壤微生物的氮养分需求，促进微生物的生长，证实了再生水灌溉通过提高土壤过氧化氢酶活性，从而强化土壤的缓冲性能。但 2014 年、2015 年再生水与清水灌溉土壤过氧化氢酶活性对比与 2016 年并不一致，2014 年、2015 年再生水灌溉处理土壤过氧化氢酶活性均低于清水灌溉处理。过氧化氢酶作为土壤生境胁迫的指示酶，在一定程度上反映了土壤逆境，因此长期再生水灌溉根层土壤过氧化氢酶活性变化及其与土壤养分状况值得进一步关注。

（4）采用多元回归分析方法，分别构建了土壤脲酶活性、过氧化氢酶活性与灌溉年数、灌溉水质、施氮量的耦合模型，以上模型的相关性系数均大于 0.75，土壤脲酶活性、过氧化氢酶活性实测值与预测值的相对误差均小于 12.48%。预测灌溉 5 年后，再生水灌溉处理，10～20cm、20～30cm、30～40cm、40～60cm 土层深度土壤脲酶活性分别较土壤背景值提高了 11.63%、60.56%、58.55%、76.79%；0～10cm、10～20cm、20～30cm、30～40cm、40～60cm 土层深度过氧化酶活性分别较土壤背景值提高了 65.77%、51.36%、54.36%、50.76%、30.36%。

第 4 章　再生水灌溉对土壤微生物群落结构的影响

土壤微生物驱动土壤碳氮循环转化，土壤碳氮矿化、同化、硝化等过程与土壤微生物密切相关，如变形菌门中氨氧化细菌、氨氧化古菌等共同主导氨氧化作用，浮霉状菌门的细菌主导厌氧条件下亚硝酸盐还原为氮气的过程。通过研究再生水灌溉土壤微生物群落数量、群落结构和多样性变化，利用高通量测序技术，探明再生水灌溉影响的功能微生物种群，探讨再生水灌溉与土壤碳氮转化的功能微生物之间的相互作用关系。

4.1　试验设计、观测内容与方法

4.1.1　试验设计

4.1.1.1　盆栽试验

试验用 PVC 材质花盆，直径 30cm，高 25cm。供试土壤为取自试验站内试验地表层（0～20cm）的砂壤土和上一季度的土壤，室内风干后过 2mm 筛。每盆装土 6kg，底肥为 P_2O_5：100mg/kg，K_2O：300mg/kg，6 个氮肥水平：N0、N1、N2、N3、N4、N5，分别为 0mg/kg、80mg/kg、100mg/kg、120mg/kg、180mg/kg、210mg/kg；灌溉水质设两个水平，即清水（C）和再生水（R）。试验共计 12 个处理，记为 CN0、CN1、CN2、CN3、CN4、CN5、RN0、RN1、RN2、RN3、RN4、RN5；每个处理设 5 个重复，3 个季度，共 180 盆，随机排列。

4.1.1.2　微区试验

试验设 4 个氮肥处理，氮肥总量分别为当地施肥习惯：270kg/hm²；

氮肥减量 20%：216kg/hm²；氮肥减量 30%：189kg/hm²；氮肥减量 50%：135kg/hm²，记为 N270、N216、N189、N135。灌溉水质设两个水平，即清水（C）和再生水（R）。试验小区面积 15m²，试验共计 8 个处理组，记为 CN270、CN216、CN189、CN135、RN270、RN216、RN189、RN135。每个处理设置 3 次重复，24 个小区完全随机区组排列。供试番茄为 GBS-福石 1 号，种植密度为 4.5 万株/hm²，株距 0.3m，行距 0.75m。

2014 年 6 月番茄盛果期按照五点法采集 0～20cm 土壤样品，将土壤样品剔除根系残体，混匀迅速装入灭菌密封的氟乙烯塑料袋中，4℃保存在冷藏箱，并及时带回实验室。样品分两部分处理：一部分风干后用于理化指标测定；其余土壤样品于－20℃保存，用于土壤微生物群落测定。

4.1.2 观测内容与测定方法

4.1.2.1 根际、非根际土壤微生物总量测定

分别于番茄第一穗果膨大期、第二穗果膨大期、第四穗果膨大期、完熟期采集根际、非根际土壤样品。

番茄完熟期，采集 0～20cm 土壤样品，剔除根系和动物残体，迅速装入灭菌密封的氟乙烯塑料袋中，密封后保存在 4℃便携式冷藏箱中，并及时带回实验室，微生物总量采用土壤稀释分离-纯化培养法测定。

4.1.2.2 土壤微生物活性测定

土壤细菌培养采用牛肉膏蛋白胨培养基，土壤悬液稀释度为 $10^{-3}\sim10^{-5}$。土壤真菌培养采用孟加拉红培养基，土壤悬液稀释度为 $10^{-1}\sim10^{-3}$。氨化细菌培养采用最大或然数（Most Probable Number，MPN）多管发酵法，土壤悬液稀释度为 $10^{-5}\sim10^{-8}$，每一稀释度重复 3 次。

4.1.2.3 土壤微生物遗传多样性测定

对不同处理样品土壤微生物遗传多样性进行检测，检测步骤包括样品前处理、测序文库的构建、锚定桥接、预扩增、单碱基延伸

测序和数据分析；不同处理样品土壤微生物遗传多样性分析采用方差分析、显著性检验、相关分析和主成分分析等方法，探讨土壤微生物遗传多样性对灌溉水质和施氮水平的响应特征。

4.1.2.4　数据处理与统计分析

采用 Microsoft Excel 2013、DPS 14.50 进行数据处理和统计分析。通过主成分分析（RDA）、典范对应分析（CCA）和基于加权/非加权（weighted/unweighted）距离的主坐标分析（Principal Coordinates Analysis，PCoA）确定环境因子与微生物群落结构的相关性。使用非加权平均法（Unweighted Pair Group Method with Arithmetic mean，UPGMA）聚类，计算群落结构的相似性系数，并通过降维方法，在低纬度坐标系中考察各样品或者不同处理的土壤微生物群落结构差异性。

4.2　再生水灌溉下微生物群落的生物信息学分析

4.2.1　基因组 DNA 鉴定

DNA 提取采用土壤样品提取试剂盒进行测定。取 1L 原液上样，经 1% 琼脂糖凝胶电泳检测，再生水和清水灌溉处理各样品的电泳条带清晰，不同样品 PCR 产物琼脂糖凝胶电泳图详见图 4.1，其中 1~3 为 CN0，4~6 为 RN0，7~9 为 CN1，10~12 为 RN1，13~15 为 CN2，16~18 为 RN2，19~21 为 CN3，21~24 为 RN3，25~27 为 CN4，28~30 为 RN4 中的土壤细菌基因扩增条带。电泳图显示，扩增产物条带清晰，大小位于 500~600bp（碱基对，base pair，bp）之间，扩增结果满足试验要求。

4.2.2　PCR 扩增

对文库制备的 PCR 产物进行上机测序。对处理好的样本序列进行归类，统计每个样本的分析数目，不同土壤样品的分析序列统计情况见表 4.1。

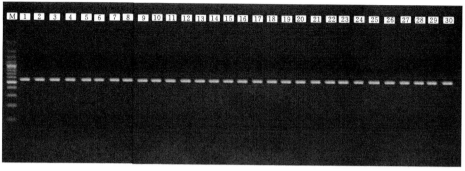

图 4.1　不同样品 PCR 产物琼脂糖凝胶电泳图

表 4.1　　　　　不同处理土壤样品的分析序列统计情况

样品	原始序列数目/条	低值序列数目/条	长聚合物去除序列数目/条	分析序列数目/条
CN0.1	51337	9503	77	41812
CN0.2	49045	7293	91	41719
CN0.3	48181	8572	69	39594
RN0.1	43771	8673	77	35081
RN0.2	37968	9460	66	28491
RN0.3	20986	5063	48	15909
CN1.1	28150	6566	42	21569
CN1.2	47915	13912	100	33980
CN1.3	25859	5819	44	20030
RN1.1	26426	5587	50	20825
RN1.2	22934	5548	29	17378
RN1.3	34253	8067	57	26162
CN2.1	32562	7401	52	25136
CN2.2	23156	4541	40	18597
CN2.3	30674	6878	40	23783
RN2.1	23768	5677	52	18070
RN2.2	23062	5407	34	17648
RN2.3	33726	6809	59	26901
CN3.1	44338	8257	59	36058
CN3.2	33639	6936	66	26668

续表

样品	原始序列数目/条	低值序列数目/条	长聚合物去除序列数目/条	分析序列数目/条
CN3.3	34996	11683	103	23280
RN3.1	49024	10483	90	38509
RN3.2	57516	11153	98	46317
RN3.3	54313	10250	90	44021
CN4.1	70253	12820	113	57393
CN4.2	62887	9957	99	52891
CN4.3	58372	10620	92	47719
RN4.1	55857	10731	114	45078
RN4.2	47642	9258	66	38362
RN4.3	39869	8533	63	31313

盆栽、微区不同处理土壤样品优质序列统计情况见表4.2和表4.3，土壤样品优质序列数目与碱基对长度分布见图4.2。

表4.2　　　盆栽不同处理土壤样品优质序列统计情况

样品	优质序列数目/条	最短碱基对长度/bp	最大碱基对长度/bp	平均长度/bp
CN0.1	39168	293	573	417.6
CN0.2	38671	313	573	417.5
CN0.3	36759	322	571	417.4
RN0.1	32454	292	566	418.2
RN0.2	26393	288	568	417.9
RN0.3	14739	286	520	418.2
CN1.1	20160	399	573	416.8
CN1.2	31757	292	573	416.5
CN1.3	18637	331	574	417.6
RN1.1	19498	298	571	417.4
RN1.2	16377	387	447	417.3
RN1.3	24294	332	573	417.6
CN2.1	23524	292	573	417.9
CN2.2	17264	296	562	417.4

续表

样品	优质序列数目/条	最短碱基对长度/bp	最大碱基对长度/bp	平均长度/bp
CN2.3	22156	292	573	417.1
RN2.1	16779	289	573	417.8
RN2.2	16403	314	564	417.1
RN2.3	25030	310	573	417.9
CN3.1	33725	292	570	417.5
CN3.2	25002	289	572	416.9
CN3.3	21880	292	571	417.7
RN3.1	35869	290	571	417.9
RN3.2	43085	289	571	417.3
RN3.3	40748	292	566	417.8
CN4.1	53496	290	571	416.6
CN4.2	49141	292	571	417.4
CN4.3	44594	292	571	417.3
RN4.1	42008	291	573	417.7
RN4.2	35717	291	571	417.7
RN4.3	29032	287	552	417.1

表 4.3　　微区不同处理土壤样品优质序列统计情况

样品	优质序列数目/条	最短碱基对长度/bp	最大碱基对长度/bp	平均长度/bp
CN270.1	28761	383	564	416.3
CN270.2	41412	292	564	416.9
CN270.3	36845	286	570	416.9
RN270.1	37477	292	564	417.2
RN270.2	32283	323	565	417.7
RN270.3	29689	292	571	418.0
CN216.1	29584	312	571	417.2
CN216.2	29638	313	571	416.6
CN216.3	23342	292	563	416.5
RN216.1	23875	330	570	416.7
RN216.2	29894	359	571	416.9

续表

样品	优质序列数目/条	最短碱基对长度/bp	最大碱基对长度/bp	平均长度/bp
RN216.3	26048	292	572	417.9
CN189.1	32277	323	564	417.1
CN189.2	25427	291	572	416.9
CN189.3	31383	289	571	416.8
RN189.1	27499	348	571	417.2
RN189.2	20642	287	564	417.4
RN189.3	47748	292	573	417.4
CN135.1	29386	298	570	416.4
CN135.2	38333	292	563	416.3
CN135.3	39413	313	565	417.0
RN135.1	38912	299	571	417.6
RN135.2	31639	354	570	417.7
RN135.3	38559	289	569	417.6

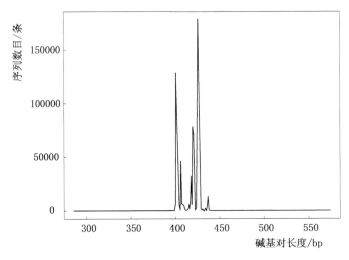

图4.2 土壤样品优质序列数目与碱基对长度分布图

4.3 根际、非根际土壤微生物数量变化特征

图4.3为2014—2015年不同灌溉处理根际、非根际土壤微生

物数量。番茄全生育期，RN270、RN216、RN189、RN135 和 CN270 处理微生物数量均值，2014 年根际土壤分别为 1392500CFU/g、1229583CFU/g、790417CFU/g、693750CFU/g、748750CFU/g，而非根际土壤分别为 362917CFU/g、394583CFU/g、357500CFU/g、319812CFU/g、315417CFU/g；2015 年根际土壤分别为 3232500CFU/g、2733333CFU/g、2052917CFU/g、1896591CFU/g、1298333CFU/g，而非根际土壤分别为 484167CFU/g、512500CFU/g、576667CFU/g、320250CFU/g、310833CFU/g；2014—2015 年，所有处理根际土壤微生物数量均显著高于非根际土壤（$p<0.05$），RN270、RN216、RN189、RN135 和 CN270 处理根际土壤微生物数量均值分别较非根际土壤提高了 4.46 倍、3.37 倍、2.04 倍、3.05 倍、2.27 倍。与 CN270 处理相比，再生水灌溉处理显著提高了根际土壤微生物数量，分别提高了 1.26 倍、0.94 倍、0.39 倍、0.27 倍，同时除 RN135 外也显著提高了非根际土壤微生物数量（$p<0.05$），分别提高了 0.35 倍、0.45 倍、0.49 倍。已有研究结果表明，根际土壤微生物数量高于非根际土壤，这可能主要因为根系生化反应以及根系分泌物刺激了土壤微生物增殖。

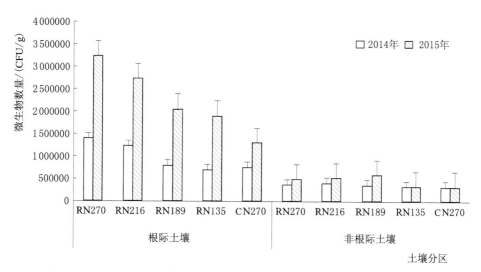

图 4.3 2014—2015 年不同灌溉处理根际、非根际土壤微生物数量

4.4　土壤微生物群落稀释性曲线变化特征

4.4.1　盆栽试验稀释性曲线

稀释性曲线是指从样品中随机抽取一定测序量的数据，并统计它们所代表的物种数量（即 OTU 数目），以抽取的测序数据量和对应的物种数来构建的曲线。稀释性曲线能够直接反映测序数据量的合理性，当曲线趋于平缓时，表明测序的数据量合理，更多的数据量仅产生少量新的物种。在 $\alpha = 0.03$ 的水平上，再生水和清水灌溉盆栽试验下土壤细菌稀释性曲线见图 4.4，细菌测序数量均未达到平缓，说明细菌即使测序序列数超过 20000，仍有新的物种可以测出。

4.4.2　微区试验稀释性曲线

再生水灌溉和清水灌溉微区试验下土壤细菌稀释性曲线见图 4.5。在 $\alpha = 0.03$ 的水平上，两个处理的稀释性曲线均呈增加趋势，当 PCR 产物序列数目超过 3000 条时，再生水和清水灌溉下细菌的稀释性曲线均逐渐趋于平缓，说明测序序列数量能够满足试验测序要求。

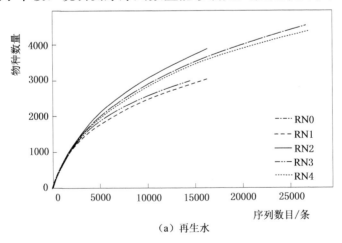

（a）再生水

图 4.4（一）　再生水和清水灌溉盆栽试验下土壤细菌稀释性曲线（$\alpha = 0.03$）

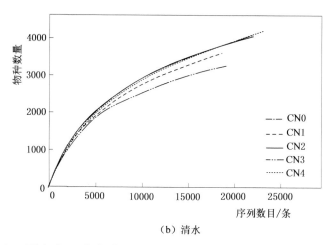

（b）清水

图 4.4（二）　再生水和清水灌溉盆栽试验下土壤细菌稀释性曲线（$\alpha = 0.03$）

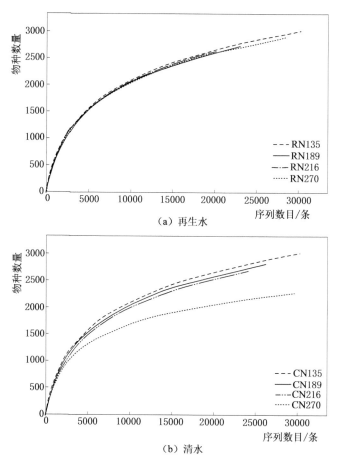

图 4.5　再生水和清水灌溉微区试验下土壤细菌稀释性曲线（$\alpha = 0.03$）

4.5　再生水灌溉条件下土壤微生物群落聚类分析

4.5.1　盆栽试验聚类分析

对再生水和清水灌溉土壤样品进行聚类分析，构建不同样品的聚类树，研究不同样品间的相似性。聚类分析结果见图4.6。从图中可以看出，再生水和清水灌溉处理土壤细菌群落结构均发生较明显的变化。以相似性44%为标准，土壤样品可以分为两大类，第Ⅰ类为N2、N3、N4；第Ⅱ类为N0、N1。

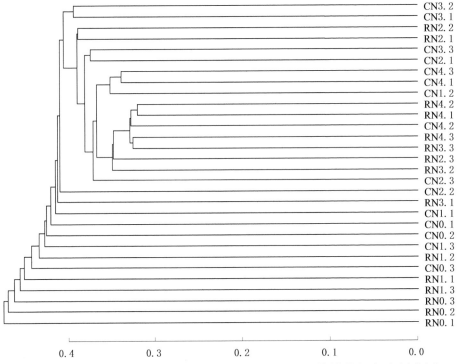

图4.6　每个处理在 cutoff＝0.03 情况下的细菌群落结构相似度树状图
（RN0、RN1、RN2、RN3、RN4、CN0、CN1、CN2、CN3、CN4 分别
代表1～10号样本，横坐标表示10个样品之间的距离系数）

在97%的序列相似水平下，对再生水和清水灌溉土壤细菌的群落多样性进行统计。Chao 指数和 ACE 指数用于对样品丰度的评

估，香农指数（Shannon）用于对样品多样性的评估，辛普森指数（Simpson）用于土壤样品细菌优势度评估，覆盖度指数（Coverage）表示测序深度。从表 4.4 可以看出，随着氮素水平的增加，细菌数量代表序列的操作分类单元逐渐增加，而灌溉类型对土壤细菌群落多样性无显著影响（$p > 0.05$）。氮素处理显著影响 ACE 指数、Chao 指数、香农指数和覆盖度指数（$p < 0.01$）。ACE 指数和 Chao 指数在 CN4 最高，且随着氮素的增加逐渐增加。CN4 的丰富度指数 H 显著高于 CN0、RN0、CN1、RN1（$p < 0.01$），但在 N2、N3、N4 水平没有显著差异（$p > 0.05$）。覆盖度指数在中氮水平 N2 最低，灌溉类型和 N 处理对 ACE 指数、辛普森指数和覆盖度指数显示显著的交互影响（$p < 0.05$）。

表 4.4　　　　盆栽试验不同氮素水平下再生水灌溉对土壤细菌群落多样性的影响

处理	操作单元	ACE 指数	Chao 指数	香农指数	辛普森指数	覆盖度指数
CN0	4120	(5451 ± 343)de	(5756 ± 368)cd	(7.36 ± 0.04)bc	0.00156ab	(0.966 ± 0.003)a
RN0	3551	(4876 ± 471)de	(5142 ± 566)de	(7.36 ± 0.04)bc	0.00132bc	(0.944 ± 0.022)abcd
CN1	3937	(5564 ± 1067)de	(5728 ± 999)cd	(7.37 ± 0.10)b	0.0016a	(0.936 ± 0.007)cd
RN1	3262	(4530 ± 200)e	(4785 ± 215)e	(7.26 ± 0.08)c	0.0016a	(0.939 ± 0.011)bcd
CN2	4032	(5981 ± 452)cd	(6044 ± 475)cd	(7.39 ± 0.09)ab	0.00172a	(0.921 ± 0.012)de
RN2	4170	(7154 ± 1183)ab	(6533 ± 432)bc	(7.45 ± 0.03)ab	0.0015abc	(0.901 ± 0.021)e
CN3	4390	(6174 ± 428)bcd	(6347 ± 404)bc	(7.50 ± 0.02)a	0.00127c	(0.937 ± 0.016)cd
RN3	5040	(6824 ± 522)abc	(7006 ± 462)ab	(7.47 ± 0.04)ab	0.00159a	(0.957 ± 0.004)abc
CN4	5507	(7368 ± 76)a	(7546 ± 72)a	(7.50 ± 0.02)a	0.00155ab	(0.963 ± 0.004)ab
RN4	5014	(7028 ± 232)abc	(7153 ± 284)ab	(7.46 ± 0.03)ab	0.00162a	(0.947 ± 0.012)abc
W		0.013	0.744	1.363	0.071	2.041
N		14.723**	17.393**	9.715**	2.614	12.087**
W×N		3.413*	2.840	1.652	4.268*	2.931*

注　*为 $p < 0.05$，**为 $p > 0.05$，同一列数据后不同小写字母表示不同处理间在 $p < 0.05$ 水平下的差异显著性水平。

4.5.2　微区试验聚类分析

采用 SAS 软件对样品物种数量进行聚类分析，结果见图 4.7。以相似性 0.546 为标准，可以分为三大类，第Ⅰ类：CN135；第Ⅱ类：CN270；第Ⅲ类：剩余处理（CN216、CN189、RN270、RN216、RN189、RN135）。清水灌溉下在高氮和低氮处理下土壤微生物群落结构发生了较明显的变化，再生水灌溉下不同氮肥对土壤微生物群落结构影响不明显。

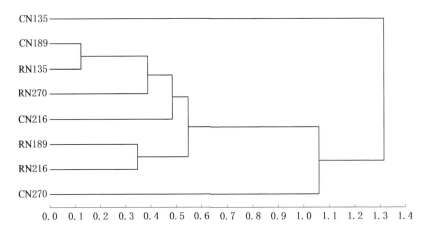

图 4.7　每个处理在 cutoff＝0.03 情况下的细菌群落结构相似度树状图
（RN270、RN216、RN189、RN135、CN270、CN216、CN189、CN135 分别代表
1～8 号样本，横坐标表示 8 个样品之间的距离系数）

Chao 指数与 ACE 指数、香农指数、辛普森指数分别反映物种的丰富度、多样性和优势度。从表 4.5 可以看出，CN135 处理 Chao 指数、ACE 指数和香农指数均显著高于 CN270（$p<0.05$），但与其他处理无明显差异；在清水和再生水灌溉条件下，减少氮肥增加了土壤细菌种群丰富度和细菌多样性，说明长期合理施肥可以对土壤微生物群落结构和多样性产生促进效应。

再生水灌溉条件下，随氮素水平降低，土壤细菌种群优势度呈先增加后降低然后再增加的趋势（RN135＞RN216＞RN270＞RN189）；清水灌溉条件下随氮素水平降低土壤细菌种群优势度呈

表 4.5　　微区试验不同氮素水平下再生水灌溉对

土壤细菌群落多样性的影响

处理	操作单元	ACE 指数	Chao 指数	香农指数	辛普森指数	覆盖度指数
CN270	2544	3157.07b	3402.55b	6.84b	0.002414ab	0.9820a
RN270	2894	3724.00ab	3995.85ab	6.99ab	0.001985ab	0.9744ab
CN216	2971	3820.15ab	4099.65ab	6.99ab	0.002006ab	0.9665b
RN216	2726	3561.71ab	3754.39ab	6.94ab	0.002036ab	0.9681b
CN189	3067	3886.37ab	4162.58ab	6.97ab	0.002641a	0.9688b
RN189	2881	3816.72ab	4085.08ab	6.98ab	0.001888ab	0.9682b
CN135	3387	4294.39a	4605.83a	7.10a	0.001777b	0.9724ab
RN135	3057	3995.39ab	4295.40ab	6.99ab	0.002077ab	0.9748ab
W		0.005	0.023	0.000	1.679	0.183
N		1.859	1.891	2.274	0.901	4.164 *
W×N		0.856	0.884	2.574	2.038	0.851

注　W 代表水质类型，N 代表氮素水平，W×N 代表水氮互作。* 表示在 0.05 水平下
　　具有显著性差异。同列数据后不同小写字母表示不同处理间在 $p < 0.05$ 水平下的
　　差异显著性水平。

先降低后增加然后再降低趋势（CN189＞CN270＞CN216＞CN135）。在 8 个处理中，CN135 处理 Chao 指数、ACE 指数与香农指数均显著高于其他处理组，而辛普森指数低于其他处理组。覆盖度指数在 96% 以上，在 N216、N189、N135 处理下 Chao 指数、ACE 指数和香农指数均表现为清水灌溉高于再生水灌溉，在 N270 处理下，则表现为再生水灌溉高于清水灌溉。水质和氮肥处理互作对 ACE 指数、Chao 指数、香农指数和辛普森指数均无显著影响，但氮肥处理显著影响土壤细菌覆盖度指数。

4.6　再生水灌溉条件下土壤微生物群落多样性分析

4.6.1　盆栽试验细菌多样性评估

根据分类分析结果将各样品中的微生物组成绘制柱状图，可以

得知一个或多个样品在各分类水平上的物种组成比例情况，反映样品在不同分类学水平上的群落结构。在细菌门的丰度上，RDP 分析序列显示两种灌溉水质没有明显差异（图 4.8）。土壤中特有的序列总数是 43023，主要分为 7 个门，分别为变形菌门、芽单胞菌门、拟杆菌门、放线菌门和酸杆菌门、厚壁菌门、疣微菌门。在前 5 个最丰富的门类，再生水灌溉处理的土壤比清水灌溉处理的土壤更丰富的细菌门有（再生水与清水的扩增子百分比）：变形菌门（36.91％：36.24％），芽单胞菌门（19.40％：16.85％），拟杆菌门（17.52％：17.02％）。清水灌溉处理的土壤比再生水灌溉处理的土壤更丰富的细菌门有：放线菌门（15.51％：18.51％）和酸杆菌门（6.15％：6.28％）。

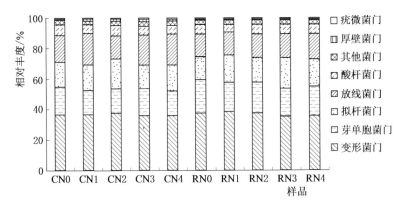

图 4.8　两种灌溉类型下土壤细菌群落在门水平的相对丰度

根据所有样品在属水平的丰度信息，从物种和样品两个层面进行聚类，绘制的聚类热图有助于发现物种在样品中聚集的多寡。不同氮素水平再生水和清水灌溉下土壤细菌在属水平的聚类热图见图 4.9，在属水平清水灌溉土壤细菌主要为 37 种，再生水灌溉处理为 35 种，清水和再生水灌溉处理土壤细菌的共有属为 33 种，主要为未分类的 Gemm-5 属、未分类的芽单胞菌属、Kaistobacter 属、未分类的噬纤维菌属、未分类的 Gemm-3 属、噬纤维菌属、未分类的 Chitinophagaceae 属、未分类的酸微菌属、Flavisolibacter 属、未分类的 Gemm-1 属、未分类的 C114 属、未分类的 Gaiellaceae 属、

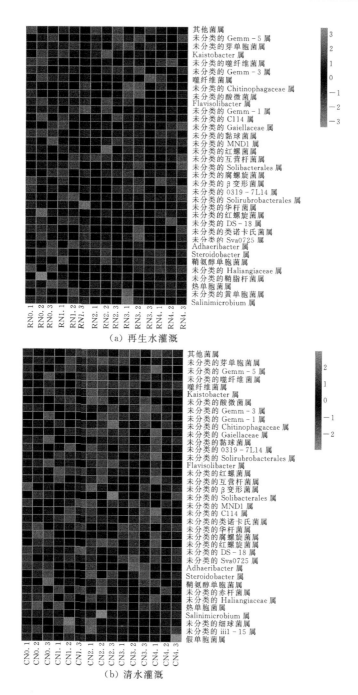

图 4.9　不同氮素水平再生水和清水灌溉下土壤细菌群落在属水平的聚类热图

（横向为样品信息，纵向为物种注释信息，聚类热图对应的值为每一行物种相对
丰度经过标准化处理后得到的 Z 值。Z 值越高，物种相对丰度越高）

未分类的黏球菌属、未分类的 MND1 属、未分类的红螺菌属、未分类的互营杆菌属、未分类的 Solibacterales 属、未分类的腐螺旋菌属、未分类的 β 变形菌属、未分类的 0319 - 7L14 属、未分类的 Solirubrobacterales 属、未分类的华杆菌属、未分类的红螺旋菌属、未分类的 DS - 18 属、未分类的类诺卡氏菌属、未分类的 Sva0725 属、Adhaeribacter 属、Steroidobacter 属、鞘氨醇单胞菌属、未分类的 Haliangiaceae 属、热单胞菌属、Salinimicrobium 属及其他菌属。

RDP 分析序列数据下第 31、第 35、第 36 和第 37 最丰富的属（未分类的赤杆菌属、未分类的细球菌属、未分类的 iii1 - 15 属和假单胞菌属）仅发现在清水灌溉处理，第 32 和第 34 最丰富的属（未分类的鞘脂杆菌属和未分类的黄单胞菌属）仅发现于再生水灌溉处理。

主坐标分析（Principal Co - ordinates Analysis，PCoA），是通过一系列的特征值和特征向量排序从多维数据中提取出最主要的元素。样品距离越接近，表示物种组成结构越相似，因而群落结构相似度高的样品倾向于聚集在一起，群落差异大的样品则分开较远。在第 1 主成分（PC1）轴，再生水灌溉的样品主要分布在负方向，而清水灌溉的样品主要分布在正方向 ［图 4.10（a）］。在第 2 主成分（PC2）轴，再生水灌溉的样品主要分布在正方向，而清水灌溉的样品主要分布在负方向 ［图 4.10（b）］。灌溉水质类型对群落结构相似度的影响高于氮肥处理。两种灌溉类型下样品分布的差异表明，土壤微生物群落代谢功能在不同灌溉条件下存在显著性差异。

主成分分析（Principal Component Analysis，PCA），是一种应用方差分解，对多维数据进行降维，从而提取出数据中最主要的元素和结构的方法。应用 PCA 分析，能够将多维数据的差异反映在二维坐标图上，进而揭示复杂数据中的简单规律。样品的群落组成越相似，则它们在 PCA 图中的距离越接近。在再生水和清水灌溉条件下，第 1 主成分（PC1）的贡献率分别为 38.86% 和 41.67%，第 2 主成分（PC2）的贡献率分别为 24.54% 和 20.1%

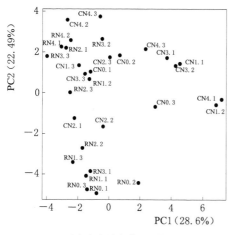

（a）再生水和清水灌溉下基于加权距离
的主坐标分析

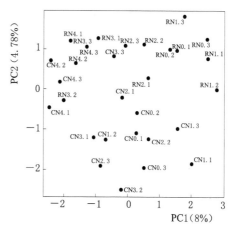

（b）再生水和清水灌溉下基于非加权距离
的主坐标分析

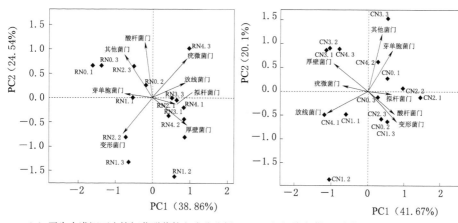

（c）再生水灌溉下土壤细菌群落的主成分分析　　（d）清水灌溉下土壤细菌群落的主成分分析

图 4.10　两种水质灌溉下土壤细菌群落的主坐标分析和主成分分析

[图 4.10（c）、图 4.10（d）]。再生水灌溉条件下，在 PC1 轴，疣微菌门、放线菌门、拟杆菌门和厚壁菌门分布在正方向；而变形菌门、酸杆菌门和芽单胞菌门分布在负方向。在 PC2 轴，疣微菌门、放线菌门、酸杆菌门和芽单胞菌门分布在正方向，而拟杆菌门、厚壁菌门和变形菌门分布在负方向 [图 4.10（c）]。清水灌溉条件下，在 PC1 轴，芽单胞菌门、拟杆菌门、酸杆菌门和变形菌门分布在正方向，而放线菌门、厚壁菌门和疣微菌门分布在负方向。在 PC2

轴，芽单胞菌门、厚壁菌门和疣微菌门主要分布在正方向，而拟杆菌门、酸杆菌门、变形菌门和放线菌门分布在负方向［图4.10（d）］。

不同样品之间共有和特有的 OTU 用韦恩图可以直观表现，清晰显示各环境样品之间的 OTU 组成相似程度。各个数字表示某个样品独有或几种样品共有的 OTU 数量。两种水质灌溉下土壤样品细菌群落韦恩图见图4.11，韦恩图中每个圈代表一个（组）样，圈和圈重叠部分的数字代表样本（组）之间共有的 OTU 个数，没有重叠部分的数字代表样本（组）的特有 OTU 个数。韦恩图分析结果表明，再生水灌溉条件下，5 个氮肥处理下的核心微生物的数目为2881，清水灌溉条件下，4 个氮肥处理下的核心微生物的数目为3123，表明再生水灌溉更有利于提高土壤微生物群落多样性，而清水灌溉则减少了土壤微生物群落多样性。

两种水质灌溉下土壤细菌在纲水平的聚类热图见图4.12。在核

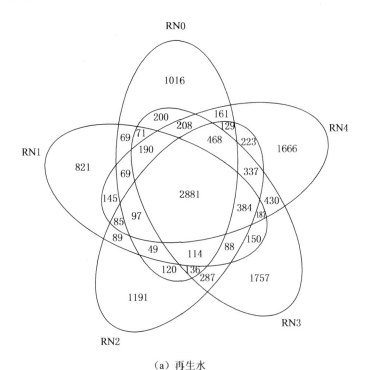

（a）再生水

图 4.11（一）　两种水质灌溉下土壤样品细菌群落韦恩图

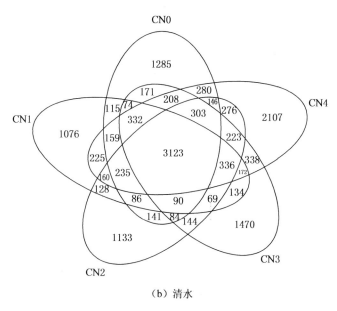

图 4.11（二） 两种水质灌溉下土壤样品细菌群落韦恩图

糖体序列分析数据中，再生水灌溉条件下土壤细菌主要为 24 个纲，清水灌溉条件下土壤细菌主要为 25 个纲。清水灌溉和再生水灌溉处理土壤细菌的共有纲为 24 个，主要为 α 变形菌纲、δ 变形菌纲、纤维黏网菌纲、γ 变形菌纲、芽单胞菌纲、Saprospirae 纲、β 变形菌纲、放线菌纲、Gemm－5 纲、Thermoleophilia 纲、酸微菌纲、Gemm－3 纲、Gemm－1 纲、Solibacteres 纲、MB－A2－108 纲、iii1－8 纲、未分类的芽单胞菌纲、Sva0725 纲、鞘脂杆菌纲、Flavobacteriia 纲、杆菌纲、Rubrobacteria 纲、Pedosphaerae 纲和其他菌纲。酸杆菌纲-6 仅发现于清水灌溉处理。

两种水质灌溉下土壤细菌在目水平的聚类热图见图 4.13。在核糖体序列分析数据中，再生水灌溉条件下土壤细菌主要有 33 个目，清水灌溉条件下土壤细菌主要有 34 个目，清水灌溉和再生水灌溉处理土壤细菌共有的目为 32 个，主要为噬纤维菌目、Saprospirales 目、鞘脂单胞菌目、放线菌目、未分类的 Gemm－5 目、未分类的芽单胞菌目、黄色单胞菌目、黏球菌目、酸微菌目、红螺菌目、未分类的 Gemm－3 目、根瘤菌目、未分类的 Gemm－1 目、Gaiellales 目、

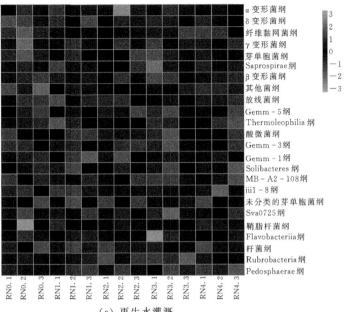

（a）再生水灌溉

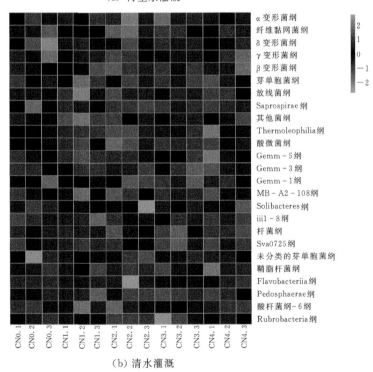

（b）清水灌溉

图 4.12 两种水质灌溉下土壤细菌在纲水平的聚类热图

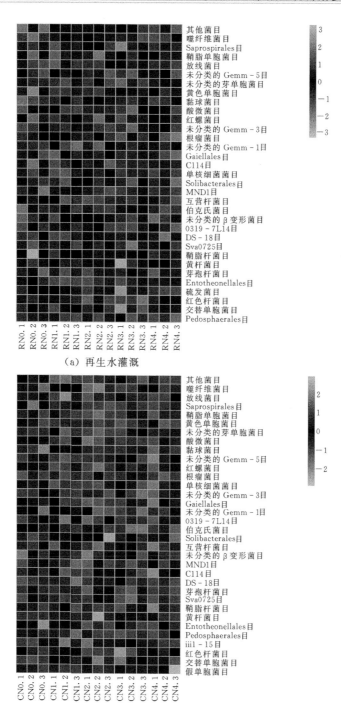

（a）再生水灌溉

（b）清水灌溉

图 4.13　两种水质灌溉下土壤细菌在目水平的聚类热图

C114 目、单核细菌菌目、Solibacterales 目、MND1 目、互营杆菌目、伯克氏菌目、未分类的 β 变形菌目、0319 - 7L14 目、DS - 18目、Sva0725 目、鞘脂杆菌目、黄杆菌目、芽孢杆菌目、Entotheonellales 目、红色杆菌目、交替单胞菌目、Pedosphaerales 目和其他菌目。假单胞菌目、iii1 - 15 目仅发现于清水灌溉处理，而硫发菌目仅发现于再生水灌溉处理。

4.6.2　微区试验细菌多样性评估

土壤微生物群落结构组成对再生水的响应既是基于个别微生物种群对再生水敏感性的反应，也是水质和施肥互作下种群间相互作用的群体性反应，群落结构的变化主要由优势类群的相对丰度变化及非优势类群的有无来体现。分析细菌群落的组成，需对各样本中细菌类群的相对丰度进行评估。如图 4.14 所示，再生水和清水灌溉下变形菌门是最丰富的门，其次为拟杆菌门、芽单胞菌门、放线菌门和酸杆菌门，其相对丰度之和在 8 个处理均占到土壤细菌总量的 93% 以上，这在一定程度上反映出土壤环境的细菌群落主要组成。在高氮和低氮水平下再生水灌溉对芽单胞菌门表现为促进作用，在中氮水平下表现为抑制作用。在相同氮素水平下，与清水灌

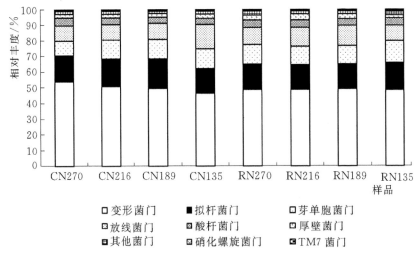

图 4.14　两种水质灌溉下土壤细菌在门水平上的相对丰度

溉相比较，再生水灌溉促进放线菌门的增长，抑制拟杆菌门的增长。在 N270 和 N216 下，再生水抑制酸杆菌门的增长；在 N189 和 N135 下，再生水促进酸杆菌门的增长。

细菌种群与环境因子冗余分析结果见图 4.15，细菌种群与样方冗余分析结果见图 4.16。RDA 前两轴特征值分别为 0.355 和 0.283，物种与环境因子排序轴的相关系数为 0.988 和 0.997，因此排序图能够反映土壤细菌种群与环境因子之间的关系，前两轴解释了土壤细菌群落变异程度的 63.8%，轴 1 与 TN、TP、OM、NO_3^- 和 EC 值呈正相关，与 pH 值呈负相关；而轴 2 与 OM、TN 和 pH 值呈正相关，与 TP、NO_3^- 和 EC 值呈负相关。

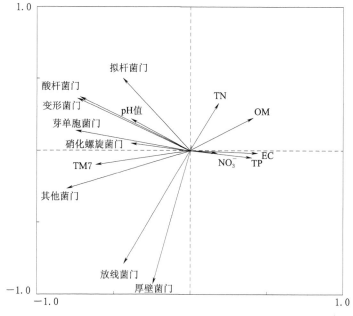

图 4.15　细菌种群与环境因子冗余分析结果

由图 4.15 可知：酸杆菌门和变形菌门分布差异较小，硝化螺旋菌门和芽单胞菌门分布差异较小，厚壁菌门和放线菌门分布差异较小。其中 pH 值对酸杆菌门、拟杆菌门和变形菌门的影响较大。由图 4.16 可知，再生水灌溉对硝化螺旋菌门、芽单胞菌门、TM7菌门和放线菌门的影响较大。清水灌溉对拟杆菌门的影响明显。长期再生水灌溉促进了土壤微生物群落的增加。土壤优势细菌类群相对丰度与土壤理化性质有一定的相关性。

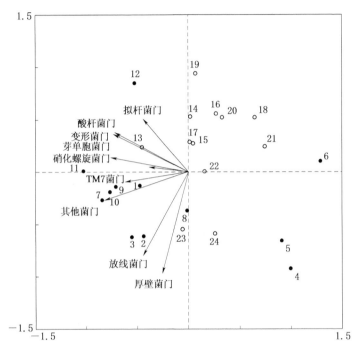

图 4.16　细菌种群与样方冗余分析结果

再生水灌溉和氮肥施用处理下土壤 pH 值是影响土壤微生物群落组成的主要因素，特别是 pH 值对酸杆菌门的影响明显。再生水灌溉对拟杆菌门、硝化螺旋菌门、芽单胞菌门、厚壁菌门、变形菌门和放线菌门的影响明显；清水灌溉对放线菌门的影响较大。

两种水质灌溉和氮肥施用处理下土壤样品细菌群落韦恩图见图 4.17，韦恩图中每个圈代表一个（组）样，圈和圈重叠部分的数字代表样本（组）之间共有的 OTU 个数，没有重叠部分的数字代表样本（组）的特有 OTU 个数。韦恩图分析结果表明，再生水灌溉条件下，4 个氮肥处理下的核心微生物的数目为 2027，清水灌溉条件下，4 个氮肥处理下的核心微生物的数目为 2113。

为了获得群落组成的更高分辨率，用聚类热图来说明 24 个样本的每个样品的相对丰度。在属水平下，不同施氮水平下清水灌溉

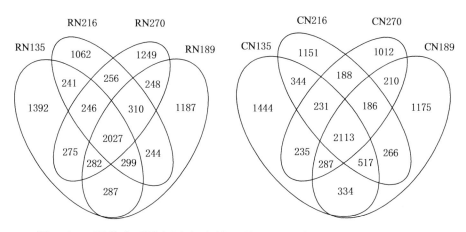

图 4.17 两种水质灌溉和氮肥施用处理下土壤样品细菌群落韦恩图

处理土壤细菌主要为 48 种，再生水灌溉处理为 53 种（图 4.18）。再生水灌溉处理和清水灌溉处理土壤细菌共有的属为 41 种，主要为未分类的噬纤维菌属、Kaistobacter 属、未分类的 Gemm-5 属、假单胞菌属、未分类的红螺菌属、未分类的酸微菌属、未分类的芽单胞菌属、未分类的 Gemm-1 属、未分类的 Gemm-3 属、杆状杆菌属、未分类的鱼立克次体属、未分类的华杆菌属、溶杆菌属、未分类的黏球菌属、盐菌属、未分类的互营杆菌属、未分类的 Sva0725 属、热单胞菌属、未分类的 β 变形菌属、未分类的黄单胞菌属、未分类的 MND1 属、杆菌属、未分类的甲壳菌属、未分类的 α 变形菌属、未分类的 NB1-j 属、未分类的 Gemm-2 属、未分类的类诺卡氏菌属、类固醇杆菌属、未分类的黄病毒属、芽孢杆菌属、未分类的红杆菌属、未分类的 Gaiellaceae 属、未分类的环菌属、未分类的 Haliangiaceae 属、新鞘脂菌属、未分类的 Solibacterales 属、硝化螺菌属、未分类的腐螺旋菌属、弧菌属、鞘脂杆菌属和未分类的鞘脂杆菌属。

RDP 分析序列数据下，鞘氨醇单胞菌属、未分类的鞘脂单胞菌属、藤黄单胞菌属、未分类的 Ellin6067 属、未分类的着色菌属和色素杆菌属仅发现于清水灌溉处理；农霉菌属、未分类的红螺菌属、未分类的 NB1-i 属、堆囊菌亚属、黄杆菌属、气单胞菌属、

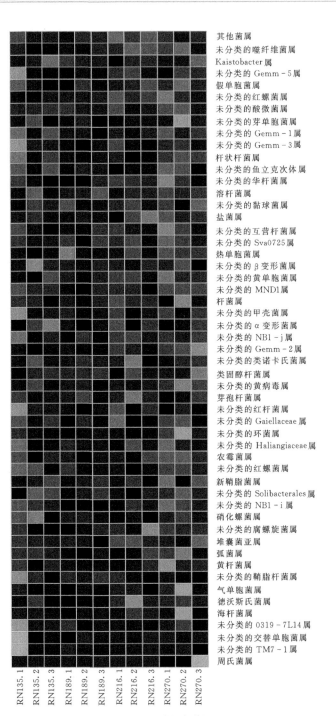

（a）再生水灌溉

图 4.18（一）　两种水质灌溉下土壤细菌在属水平的聚类热图

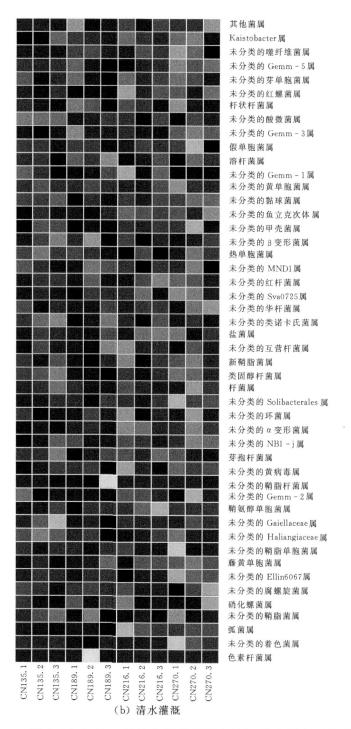

（b）清水灌溉

图 4.18（二） 两种水质灌溉下土壤细菌在属水平的聚类热图

德沃斯氏菌属、海杆菌属、未分类的 0319－7L14 属、未分类的交替单胞菌属、未分类的 TM7－1 属和周氏菌属仅发现于再生水灌溉处理。

在细菌纲的水平下，清水灌溉土壤细菌主要为 21 纲，再生水灌溉为 24 纲（图 4.19）。再生水和清水灌溉处理土壤细菌共有 21 纲，主要为 γ 变形菌纲、α 变形菌纲、纤维黏网菌纲、δ 变形菌纲、β 变形菌纲、放线菌纲、酸性菌纲、黄杆菌纲、Gemm－5 纲、杆菌纲、芽单胞菌纲、Gemm－1 纲、腐螺菌纲、Gemm－3 纲、嗜热菌纲、Sva0725 纲、Solibacteres 纲、Gemm－2 纲、鞘氨醇杆菌纲、硝化螺菌纲和其他菌纲。未分类的芽单胞菌纲、MB－A2－108 纲和 TM7－1 纲仅发现于再生水灌溉处理。

两种水质灌溉下土壤细菌在目水平下的聚类热图见图 4.20，清水灌溉土壤细菌主要为 37 目，再生水灌溉为 35 目。再生水和清水灌溉处理土壤细菌共有 33 目，主要为噬纤维菌目、黄色单胞菌目、鞘脂单胞菌目、放线菌目、红螺菌目、酸微菌目、黏球菌目、黄杆菌目、未分类的 Gemm－5 目、假单胞菌目、根瘤菌目、芽孢杆菌目、未分类的芽单胞菌目、未分类的 Gemm－1 目、腐螺菌目、未分类的 Gemm－3 目、NB1－j 目、硫发菌目、红杆菌目、交替单胞菌目、互营杆菌目、Sva0725 目、Solibacterales 目、未分类的 β 变形菌目、伯克氏菌目、MND1 目、未分类的 α 变形菌目、未分类的 Gemm－2 目、鞘脂杆菌目、Gaiellales 目、硝化螺旋菌目、海洋螺菌目和其他菌目。红杆菌目、柄杆菌目、Ellin6067 目和奈瑟菌目仅发现在清水处理，0319－7L14 目和未分类的 TM7－1 目仅发现于再生水处理。

微区试验下两种水质灌溉的土壤细菌群落的主坐标分析（PCoA）和主成分分析（PCA）见图 4.21。在非加权的情况下，在第 1 主成分（PC1）轴，长期再生水灌溉的样品主要分布在正方向，而清水灌溉的样品主要分布在负方向 [图 4.21 (a)]；第 2 主成分（PC2）轴，长期再生水灌溉的样品主要分布在负方向，而清水灌溉的样品主要分布在正方向 [图 4.21 (b)]。

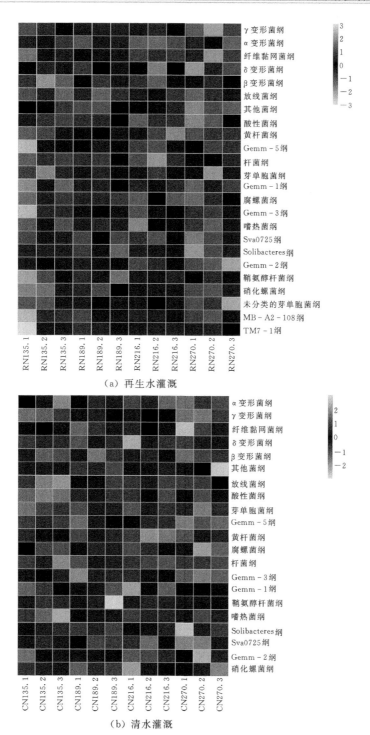

（a）再生水灌溉

（b）清水灌溉

图 4.19 两种水质灌溉下土壤细菌在纲水平的聚类热图

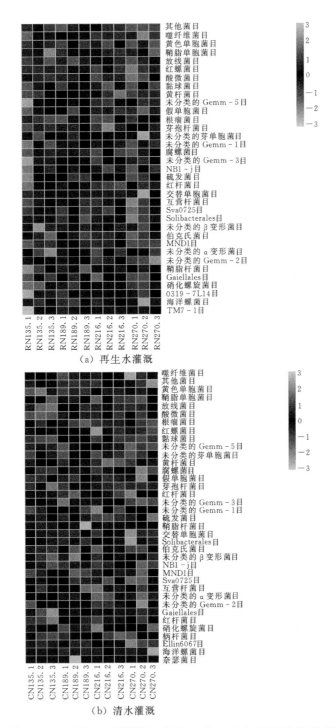

图 4.20　两种水质灌溉下土壤细菌在目水平的聚类热图

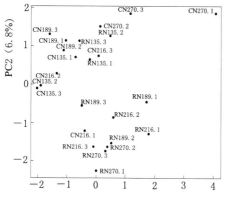

（a）再生水和清水灌溉下基于加权距离的
主坐标分析

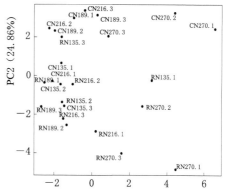

（b）再生水和清水灌溉下基于非加权距离的
主坐标分析

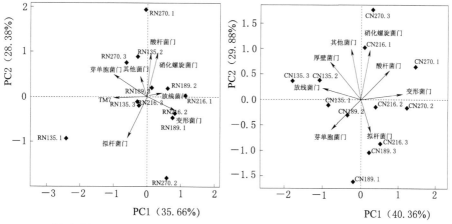

（c）再生水灌溉下土壤细菌群落的主成分分析　　（d）清水灌溉下土壤细菌群落的主成分分析

图 4.21　两种水质灌溉下的土壤细菌群落的主坐标分析和主成分分析

　　两种灌溉类型下样品分布的差异表明，土壤微生物群落在不同灌溉条件下的土壤微生物群落代谢功能存在差异。再生水和清水灌溉条件下，第 1 主成分（PC1）的贡献率分别为 35.66％ 和 40.36％，第 2 主成分（PC2）的贡献率分别为 28.38％ 和 29.88％［图 4.21（c）、图 4.21（d）］。再生水灌溉条件下，在 PC1 轴，放线菌门、厚壁菌门、变形菌门、酸杆菌门和硝化螺旋菌门分布在正方向；而芽单胞菌门、拟杆菌门、TM7 菌门和其他菌门分布在负方向。在 PC2 轴，放线菌门、酸杆菌门、硝化螺旋菌门、芽单胞菌门和其他菌门分布在正方向，而厚壁菌门、变形菌门、TM7菌门和拟杆菌门分布在负方向［图4.21（c）］。清水灌溉条件下，在PC1轴，硝化螺旋菌门、酸杆菌门、变形菌门和拟杆菌门分布在正方向，而芽单胞菌门、厚壁菌门和放线菌门分布在负方向。在PC2轴，硝化螺旋菌门、酸杆菌门、变形菌门、厚壁菌门、放线菌门和其他菌门主要分布在正方向，而拟杆菌门和芽单胞菌门分布在负方向［图4.21（d）］。

4.6.3 土壤微生物群落组成分析

不同试验处理下微生物群落在门水平的相对丰度详见图4.22。土壤微生物群落结构的变化主要由优势类群及非优势类群的丰度变化表征，施氮和再生水灌溉可以促进微生物的生物活性，提高微生物种群的数量，改善土壤微生物群落结构和功能。由图4.22可知，变形菌门为微生物群落中相对丰度最丰富的门，依次为拟杆菌门、芽单胞菌门、放线菌门和酸杆菌门，其相对丰度之和均超过了93%，表明变形菌门、拟杆菌门、芽单胞菌门、放线菌门、酸杆菌门5个种群构成了土壤微生物主体。有关学者研究表明，土壤微生物功能具有专一性，如芽单胞菌门具有强烈的反硝化功能；放线菌门参与土壤中难分解的有机质的分解，同化无机氮，分解碳水化合物等。

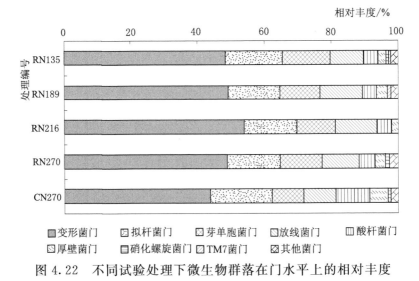

图4.22 不同试验处理下微生物群落在门水平上的相对丰度

所有处理土壤微生物中变形菌门均是最丰富的门，变形菌门中氨氧化细菌、氨氧化古菌共同作用促进氨氧化作用和硝化作用，特别是RN270、RN216、RN189、RN135 再生水灌溉处理变形菌门相对丰度分别较 CK 处理提高了 11.42%、22.82%、12.07% 和 10.30%，这也是再生水灌溉通过提高变形菌门微生物丰度促进土壤氮素矿化和提高氮素生物有效性的关键过程。此外，与 CK 处理相比，RN270、RN216、RN189、RN135 处理促进了芽单胞菌门、放线菌门的相对丰度，抑制了拟杆菌门、酸杆菌门的增长，这缘于再生水灌溉调控土壤有机质分解，释放大量矿质营养，提高土壤矿质养分水平。

4.6.4 土壤微生物群落结构对环境因子的响应特征

土壤微生物群落结构变异与环境因素的相关性分析采用基于CANCO 5.0 软件平台的冗余方法，判断引起土壤微生物群落结构变异的主要环境因子。首先对环境变量进行分组［式（4.1）］，构造典型随机向量矩阵［式（4.2）］，求解原始变量和典型变量间的协方差阵［式（4.3）、式（4.4）］，由此得到相关系数阵［式（4.5）］，分别计算原始变量和典型变量的总变异的累计百分比［式（4.6）］，进而计算前 m 个典型变量占本组变量的总变异的累计百分比［式（4.7）］，最后确定原始变量和典型变量的关联度［式（4.8）］。

$$\left.\begin{array}{l} A=(a_1,a_2,\cdots,a_r)_{p\times r} \\ B=(b_1,b_2,\cdots,b_r)_{q\times r} \end{array}\right\} \qquad (4.1)$$

$$\left.\begin{array}{l} U=(U_1,U_2,\cdots,U_r)'=A'X \\ V=(V_1,V_2,\cdots,V_r)'=B'Y \end{array}\right\} \qquad (4.2)$$

$$\left.\begin{array}{l} \mathrm{cov}(X,U)=\mathrm{cov}(X,A'X)=S_{11}A \\ \mathrm{cov}(X,V)=\mathrm{cov}(X,B'Y)=S_{12}B \end{array}\right\} \qquad (4.3)$$

$$\left.\begin{array}{l} \mathrm{cov}(Y,U)=\mathrm{cov}(Y,A'X)=S_{21}A \\ \mathrm{cov}(Y,V)=\mathrm{cov}(Y,B'Y)=S_{22}B \end{array}\right\} \qquad (4.4)$$

$$\left.\begin{array}{l} R(X,Y)=S_{11}A=[r(X_j,U_k)]_{(p,r)} \\ R(Y,V)=S_{22}B=[r(Y_j,V_k)]_{(q,r)} \end{array}\right\} \qquad (4.5)$$

$$R_d(X,U_k) = \sum_{i=1}^{p} r^2(X_j,U_k)/p$$

$$R_d(Y,V_k) = \sum_{i=1}^{q} r^2(Y_j,V_k)/q \quad k=1,2,\cdots,r \qquad (4.6)$$

$$R_d(X;U_1,U_2,\cdots,U_m) = \sum_{k=1}^{m}\sum_{i=1}^{p} r^2(X_j,U_k)/p$$

$$R_d(Y;V_1,V_2,\cdots,V_k) = \sum_{k=1}^{m}\sum_{i=1}^{q} r^2(Y_j,V_k)/q \qquad (4.7)$$

$$R_d(X,V_k) = \sum_{i=1}^{p} r^2(X_j,V_k)/p = \lambda_k^2 R_d(X,U_k)$$

$$R_d(Y,U_k) = \sum_{i=1}^{q} r^2(Y_j,U_k)/q = \lambda_k^2 R_d(Y,V_k) \qquad (4.8)$$

土壤微生物群落与环境因子的冗余分析结果详见图 4.23。RDA 前两轴特征值分别为 0.079 和 0.449，物种与环境因子排序轴的相关系数为 0.998 和 0.997，因此排序图能够反映土壤微生物种群与环境因子之间的相关关系。

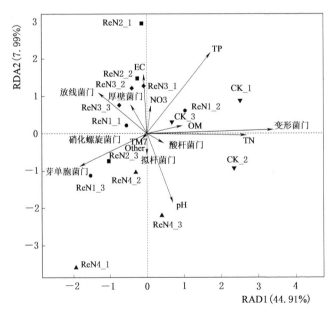

图 4.23　土壤微生物群落与环境因子的冗余分析结果

土壤酸碱度是影响土壤微生物群落组成的主要因素。pH 值和 TN 对酸杆菌门的影响明显；放线菌门具有降解碳氢化合物的功能，在植株的腐解过程中发挥重要作用，含盐量对放线菌门的影响最为明显；RN216 和 RN189 处理对放线菌门起促进作用；TN 和 OM 对变形菌门的影响明显。

样品在 0.03 水平下特有和共有的 OTU 数量详见图 4.24。韦恩（Venn）图中每个圈代表一个样本，圈和圈重叠部分的数字代表样本之间共有的 OTU 个数，没有重叠部分的数字代表样本的特有 OTU 个数。Venn 图分析结果表明，RN270、RN216、RN189、RN135 和 CN270 处理 OTU 个数分别为 5280、5321、5309、5097、4730，所有处理下的共有微生物数目为 1697，特有的微生物数目分别为 1215、1330、1185、1122、1002。

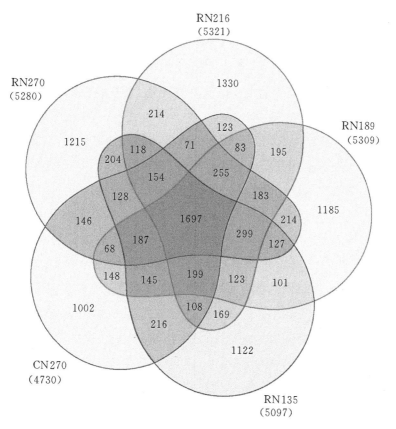

图 4.24　样品在 0.03 水平下特有和共有的 OTU 数量

4.7　本　章　小　结

微生物是土壤圈的活跃生命体，是自然界物质循环和能量转化的驱动者。我们采用盆栽试验和微区试验，利用土壤稀释分离、纯化培养法和高通量测序等技术研究了施氮水平和灌溉水质对土壤微生物群落结构的影响，主要研究结论如下：

(1) 根际、非根际土壤微生物群落数量变化结果表明：由于受植物根系活动影响，根际养分和根系分泌物共同促进了土壤微生物的生长，因此根际微生物群落数量显著高于非根际土壤；此外，RN270、RN216、RN189 处理非根际土壤微生物群落数量显著高于 CN270 处理，特别是 RN270、RN216、RN189 和 RN135 处理根际土壤微生物群落数量也显著高于 CN270 处理（$p < 0.05$），表明了再生水灌溉促进了土壤微生物生长。

(2) 土壤微生物群落的生物信息学分析结果表明：所有处理变形菌门、拟杆菌门、芽单胞菌门、放线菌门和酸杆菌门相对丰度之和占到土壤微生物总量的 93% 以上；特别是再生水灌溉提高了土壤微生物 Chao 指数、ACE 指数和多样性指数，降低了土壤微生物种群优势度；此外，RN270、RN216、RN189 和 RN135 处理促进了变形菌门和放线菌门的相对丰度。在属水平上，再生水、清水灌溉土壤微生物分别隶属于 53 个属和 48 个属，再生水灌溉和清水灌溉的共有菌属有 41 个，再生水灌溉和清水灌溉土壤的特有菌属分别有 12 个和 7 个；再生水灌溉土壤特有菌属为农霉菌属、红螺菌属、未分类的 NB1 - i 属、堆囊菌亚属、黄杆菌属、气单胞菌属、德沃斯氏菌、海杆菌属、未分类的 0319 - 7L14 属、交替单胞菌属、TM7 - 1 属和周氏菌属；清水灌溉土壤特有菌属为鞘氨醇单胞菌属、鞘脂单胞菌属、藤黄单胞菌属、未分类的 Ellin6067 属、鞘脂杆菌属、着色菌属和色素杆菌属。

(3) 环境因子与土壤微生物群落结构的冗余分析结果表明：全氮、全磷和土壤酸碱度是影响土壤微生物群落结构的主要环境因子；再生水灌溉对变形菌门、放线菌门、厚壁菌门、芽单胞菌门、硝化螺旋菌门的影响较大，清水灌溉对酸杆菌门和拟杆菌门的影响明显。

（4）再生水灌溉促进了土壤变形菌门、芽单胞菌门和放线菌门的增长，这对于提高土壤养分生物有效性具有重要意义；此外，与清水灌溉相比较，相同施氮水平下再生水灌溉促进放线菌门的增长，而抑制拟杆菌门的增长。

第5章 再生水灌溉土壤氮素矿化特征与模拟

土壤氮素矿化释放对土壤氮素循环和生物有效性的提高具有重要意义，同时也是节肥增效、生境保护领域的重要内容之一。为了研究土壤氮素矿化过程对氮肥添加量的响应特征，通过研究氮肥添加对再生水灌溉土壤氮素矿化动态、氮素净矿化量、土壤氮素矿化速率的影响，探明氮肥添加对再生水灌溉土壤氮素矿化的激发特征，并利用数学统计模型，模拟不同氮肥添加量和培养时间组合下土壤氮素矿化动态变化，以期探寻最优的施氮量和氮素矿化的潜力。

5.1 试验设计、观测内容与方法

5.1.1 试验设计

试验土壤品采自中国农业科学院河南新乡农业水土环境野外科学观测试验站再生水灌溉长期定位试验区，再生水灌溉年数为5年。采集0~20cm表层土壤，采集的土壤样品不低于10kg，除去可见动植物残体，按规定方法测定土壤硝态氮和铵态氮含量，其余土壤样品自然风干碾磨过2mm筛备用。

室内常温培养中的外源氮肥为硫酸铵。试验共设6个处理，每个处理重复10次；分别称取100g过2mm筛的风干土样置于36个250mL的三角瓶内，采用去离子水配制不同浓度硫酸铵标准溶液，分别量取30mL不同浓度硫酸铵标准溶液倒入三角瓶内，保持土壤含水率为田间持水量，将三角瓶用封口膜密封，以尽量避免水分蒸发损失与土壤氮素挥发损失。

（1）ReN1 处理：再生水灌溉常规施肥＋常规追氮（200kg/hm²）。

（2）ReN2 处理：再生水灌溉常规施肥＋减施追氮 20％（160kg/hm²）。

（3）ReN3 处理：再生水灌溉常规施肥＋减施追氮 30％（140kg/hm²）。

（4）ReN4 处理：再生水灌溉常规施肥＋减施追氮 50％（100kg/hm²）。

（5）ReCK 处理：再生水灌溉常规施肥＋不追氮。

（6）CK 处理：清水灌溉常规施肥＋不追氮。

5.1.2 观测内容与测定方法

5.1.2.1 土壤样品采集与测定分析

在培养的第 0 天、第 7 天、第 14 天、第 21 天、第 28 天、第 35 天、第 42 天从每个培养瓶中分别取样，测定铵态氮和硝态氮含量。土壤测试指标为硝态氮、铵态氮和全氮。

5.1.2.2 数据处理与统计分析

采用 Microsoft Excel 2013 和 MatLab 进行数据处理和统计分析及模型构建。

（1）土壤吸附参数 K_d。试验共设 8 个处理，每个处理重复 3 次；分别称取供试风干土样（过 2mm 筛）100g，置于 24 个 250mL 的三角瓶内，采用去离子水配制配制不同浓度（10×10^{-6}、20×10^{-6}、50×10^{-6}、100×10^{-6}、200×10^{-6}、300×10^{-6}、400×10^{-6}、500×10^{-6}）硫酸铵标准溶液，量取 50mL 硫酸铵标准溶液倒入各三角瓶中，将三角瓶用封口膜密封，以防止水分蒸发和土壤氮素反硝化损失。静置 3 天后，从三角瓶中提取土壤样品，测定土壤含水率及铵态氮含量。吸附量 S 由下式计算：

$$S = \frac{W(c_0 - c_i)}{m} \tag{5.1}$$

式中　S——土壤对铵态氮的吸附量，mg/kg；

$\quad\quad W$——倒入土样中铵态氮溶液的体积，L；

$\quad\quad c_0$——倒入土壤溶液中铵态氮的浓度，mg/L；

$\quad\quad c_i$——3天后土壤溶液中铵态氮的浓度，mg/L；

$\quad\quad m$——加入三角瓶中干土质量，kg。

$$c_i = \frac{c_1 f}{m_1 \theta_m} \tag{5.2}$$

式中　c_1——流动分析仪测得 NH_4^+ 的浓度，mg/L；

$\quad\quad f$——浸提液稀释倍数；

$\quad\quad m_1$——称取鲜土样的质量，g；

$\quad\quad \theta_m$——土样的重量含水率，%。

Freundlich 线性等温吸附模型如下：

$$S = K_d c_i \tag{5.3}$$

式中　S——土壤对铵态氮的吸附量，mg/kg；

$\quad\quad K_d$——吸附常数；

$\quad\quad c_i$——第 i 天土壤溶液中铵态氮的浓度，mg/L。

（2）一级动力学模型。采用一级动力学方程拟合土壤有机氮矿化过程：

$$N_{net} = a + K_0 c_0' + K_1 c_0'^2 \tag{5.4}$$

式中　N_{net}——土壤氮素净矿化势，mg/kg；

$\quad\quad K_0$——零级动力学反应硝化速率；

$\quad\quad K_1$——一级动力学反应硝化速率；

$\quad\quad c_0'$——有机氮含量，mg/kg；

$\quad\quad a$——土壤矿质氮矿化常数。

5.2　再生水灌溉对土壤氮素矿化过程的影响

清水和再生水灌溉土壤氮素矿化量随培养天数变化详见图

5.1。室内培养条件下，清水和再生水灌溉土壤氮素矿化动态基本一致，培养前期（小于 7 天）土壤氮素矿化作用强烈，培养后期（大于 7 天）土壤氮素矿化、硝化、生物同化作用处于动态平衡过程，土壤矿质氮含量趋于稳定。与 CK 处理相比，7 天、14天、21 天、28 天、35 天、42 天，ReCK 处理土壤矿质氮含量分别提高了 2.64 倍、2.01 倍、1.98 倍、1.53 倍、1.57 倍、1.57倍，表明再生水灌溉土壤氮库矿化强烈，灌溉后土壤氮素转化过程以矿化作用为主。

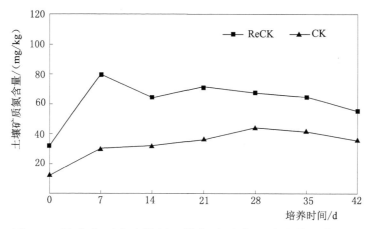

图 5.1　清水和再生水灌溉土壤氮素矿化量随培养天数变化

5.3　氮肥添加对再生水灌溉土壤氮素矿化的影响

不同氮肥添加水平再生水灌溉土壤氮素矿化量随时间的变化见图 5.2。室内培养条件下，不同氮肥添加水平土壤氮素矿化量变化趋势基本一致，即培养前期（小于 7 天）土壤氮素矿化作用强烈，其中 ReN1、ReN2、ReN3、ReN4 和 ReCK 处理土壤矿质氮含量分别较前一培养时间提高了 1.54 倍、1.70 倍、1.54 倍、1.43 倍、2.52 倍；大于 7 天后，由于微生物同化作用，土壤矿质氮的含量有所降低（ReN1 处理除外），其中 ReN2、ReN3、ReN4 和 ReCK 处理土壤矿质氮含量分别较前一培养时间降低了 3.12％、6.56％、5.38％、19.19％，培养后期土壤氮素矿化、硝化、生物同化作用处于动态平衡过程，土壤矿质氮含量趋于稳定。与 ReCK 处理相比，培养 7 天后，ReN1、ReN2、ReN3 和 ReN4 处理土壤矿质氮含量分别提高了 2.82 倍、2.85 倍、2.50 倍、2.07 倍；培养 14 天后，ReN1、ReN2、ReN3 和 ReN4 处理土壤矿质氮含量分别提高了 3.63 倍、3.50 倍、3.01 倍、2.59 倍；培养 21 天、28 天、35 天、42 天后，ReN1、ReN2、ReN3 和 ReN4 处理土壤矿质氮含量增幅分别为 2.22～3.19 倍、2.29～3.37 倍、2.39～3.49 倍、2.69～4.10 倍。土壤氮素矿化动态影响因素大致可分为 4 类，即环境因子、土壤理化性质、C/N 比、土壤生物因素。已有研究表明，外源氮肥配施有机肥显著提高了土壤氮素矿化势以及矿化速率，同时氮肥添加也显著增加了土壤氨化速率、硝化速率。氮肥添加显著提高了土壤氮素矿化速率，特别是培养前期（小于 7 天），ReN1、ReN2 和 ReN3 处理土壤氮素矿化速率较对照处理提高了 1.32～5.67 倍；特别是与 CK 处理相比，不同培养时间，ReCK 处理土壤矿质氮含量提高了 1.53～2.64 倍，干燥土壤再湿润显著激发土壤氮素矿化（$p<0.5$），尤其是与清水灌溉土壤相比，再生水灌溉土壤湿润初期具有强烈的矿化潜势和净矿化量，培养前期（7 天），再生水灌溉土壤矿质氮的含量较清水灌溉土壤增加了 2.64 倍，再生水灌溉土壤有机碳和氮含量得到显著提升。

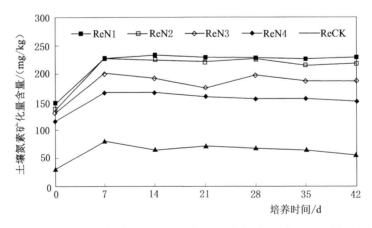

图 5.2　不同氮肥添加水平再生水灌溉土壤氮素矿化量随时间的变化

5.4 氮肥添加对再生水灌溉土壤氮素净矿化量的影响

不同氮肥添加水平再生水灌溉土壤氮素净矿化量随时间变化详见图 5.3。培养 7 天后，ReN1、ReN2、ReN3、ReN4 和 ReCK 处理土壤氮素净矿化量分别达到 60.86mg/kg、85.89mg/kg、41.85mg/kg、31.74mg/kg、29.99mg/kg；培养 14 天后，土壤氮素净矿化量含量基本平衡，平衡状态 ReN1、ReN2、ReN3、ReN4 和 ReCK 处理土壤氮素净矿化量分别为 54.26mg/kg、59.46mg/kg、34.15mg/kg、22.19mg/kg、19.09mg/kg。

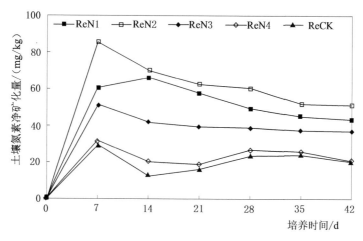

图 5.3 不同氮肥添加水平再生水灌溉土壤氮素净矿化量随时间变化

5.5 氮肥添加对再生水灌溉土壤氮素矿化速率的影响

土壤氮素矿化速率反映了土壤在某段时间内氮矿化量的大小及矿化的难易程度。不同灌溉处理土壤氮素矿化速率随时间的变化见图 5.4。不同氮肥添加水平土壤氮素矿化速率逐渐下降，各处理

0～7 天土壤氮素矿化速率最大，ReN1、ReN2、ReN3、ReN4、ReCK 和 CK 处理土壤氮素矿化速率分别为 11.32mg/(kg·d)、14.90mg/(kg·d)、10.03mg/(kg·d)、7.16mg/(kg·d)、6.91mg/(kg·d)、2.63mg/(kg·d)，ReN2 处理土壤氮素矿化速率分别为 ReN1、ReN3、ReN4、ReCK 和 CK 处理的 1.32 倍、1.48 倍、2.08 倍、2.16 倍、5.67 倍；14 天后土壤氮素矿化速率逐渐稳定，ReN1、ReN2、ReN3、ReN4、ReCK 和 CK 处理土壤氮素稳定矿化速率分别为 2.76mg/(kg·d)、3.02mg/(kg·d)、1.97mg/(kg·d)、2.01mg/(kg·d)、1.74mg/(kg·d)、1.06mg/(kg·d)。土壤氮素矿化速率大致可划分为两个阶段：第一阶段，0～14 天为矿化激发阶段；第二阶段，14 天以后为稳定矿化阶段。以上氮肥添加土壤氮素矿化速率随时间变化研究结果与赵长盛等的氮素矿化特征研究结果一致。对比再生水灌溉对照处理（ReCK），不同培养时间，氮肥添加再生水灌溉土壤矿质氮含量提高了 2.07～4.10 倍，ReN1、ReN2 和 ReN3 处理土壤氮素净矿化量显著增加（$p<$ 0.5）；特别是培养前期再生水灌溉土壤氮素矿化强烈（矿化激发阶段），与清水灌溉土壤差异明显，主要是因为培养前期再生水灌溉土壤中易分解的糖类和蛋白质等物质含量丰富以及土壤微生物数量和群落多样性增加促进了氮素矿化。

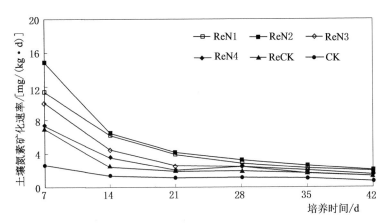

图 5.4　不同灌溉处理土壤氮素矿化速率随时间的变化

5.6 再生水灌溉下设施土壤氮素矿化潜势预测

5.6.1 土壤吸附参数 K_d 的确定

土壤吸附是指溶质在固相、液相之间的相对分布，对溶质运移起着阻滞作用。K_d 是表征该物理过程的参数，即土壤吸附参数，该参数值越大表明土壤固相对溶质的吸附能力越强、吸附的溶质量越多；反之，则表明土壤固相对溶质的吸附能力越弱、溶质驻留在土壤溶液中的量越多。国内外专家学者已有的研究结果表明，在最大吸附量范围内，描述土壤颗粒对 NH_4^+ 离子的吸附可采用 Freundlich 线性等温吸附模型。Freundlich 线性等温吸附模型描述如下：

$$S = K_d c_0 \tag{5.5}$$

式中　S——土壤对铵态氮的吸附量，mg/kg；

　　　K_d——土壤吸附参数；

　　　c_0——倒入土壤溶液中铵态氮的浓度，mg/L。

假定土壤对 NH_4^+ 的吸附在瞬间内达到平衡状态，测定了平衡状态下 NH_4^+ 土壤吸附参数 K_d。

试验结果见表 5.1。根据表 5.1 中数据，绘制 S-c_0 关系曲线，并用直线拟合两者之间的关系，结果为

$$S = 0.2002 c_0 \tag{5.6}$$

吸附参数 K_d 为 0.2002L/kg，拟合曲线的相关性系数 R^2 达到 0.97。

表 5.1 土壤铵态氮吸附试验结果

$c_0/10^{-6}$	10	20	50	100	200	300	400	500
$S/(mg/kg)$	0.4774	2.5366	10.8258	25.8928	48.2831	69.7271	77.5643	91.8885

5.6.2 再生水灌溉土壤氮素矿化参数的确定

再生水灌溉土壤氮素净矿化势随有机氮含量的变化详见图 5.5。

土壤氮素净矿化量与氮肥添加水平的拟合关系可以用来确定土壤氮素矿化参数，反映了不同氮素添加水平的氮素净矿化量。假定不同氮肥添加水平土壤氮素净矿化量为对应氮肥添加水平土壤矿质氮含量与土壤本底矿质氮含量和未施肥土壤矿质氮含量的差值，且土壤氮素净矿化势与有机氮含量符合一级反应动力学方程。试验结果可用下式描述：

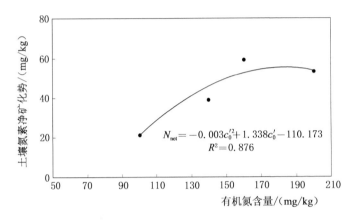

图 5.5　再生水灌溉土壤氮素净矿化势随有机氮含量的变化

$$N_{net} = a + K_0 c_0' + K_1 c_0'^2 \tag{5.7}$$

式中　N_{net}——土壤氮素净矿化势，mg/kg；

　　　K_0——零级动力学反应硝化速率；

　　　K_1——一级动力学反应硝化速率；

　　　a——土壤矿质氮矿化常数；

　　　c_0'——有机氮含量。

由拟合结果可知，零级、一级动力学反应硝化速率 K_0、K_1 分别为 1.338、−0.003，而土壤矿质氮矿化常数 a 为 −110.173。土壤氮素净矿化量土壤氮素净矿化量与氮肥添加量相关关系呈非线性相关（$R^2 = 0.876$），即土壤氮素净矿化量与氮肥添加量呈先增加后减小的趋势，土壤氮素净矿化势的最大值为 52.91mg/kg，对应的氮肥添加量为 180.6mg/kg。表明氮肥添加量对再生水灌溉土壤氮素矿化激发效应差异明显。

5.6.3　氮肥添加再生水灌溉土壤氮素矿化势耦合模型

土壤氮素矿化过程受灌溉量、氮肥添加量、作用时间等因素影响。土壤氮素矿化势反映了土壤供氮能力及矿质氮供应强度，并决定着土壤氮素生物有效性。利用 Matlab 计算分析不同土壤背景、氮肥添加及时间对土壤氮素矿化的相关关系，以培养天数、氮肥添加量为自变量，土壤氮素矿化量为因变量，氮肥添加再生水灌溉土壤氮素矿化势耦合模型可表达为下式：

$$N_{accum} = a + bt + cC_0 + b_1 t^2 + dtC_0 + c_1 C_0^2 \tag{5.8}$$

式中　　　　　　N_{accum}——土壤氮素矿化势，mg/kg；

　　　　　　　　t——培养天数，d；

　　　　　　　　C_0——氮肥添加量，kg/hm²；

a、b、c、d、b_1、c_1——土壤氮素矿化经验参数。

氮肥添加再生水灌溉土壤氮素矿化势耦合模型参数取值详见表5.2，不同氮肥添加量下再生水灌溉土壤氮素矿化势随时间变化模拟详见表5.3。再生水灌溉不同氮肥添加和培养天数土壤氮素矿化势的模拟与预测结果分别详见图5.6和图5.7。氮素矿化的定量研究是指导农业生产实践的前提和基础，土壤氮素矿化模型主要分为简单功能模型和环境效应模型。简单功能模型用于定量描述及预测土壤氮素矿化动态和过程，环境效应模型则侧重于量化外部环境因素对土壤氮素的矿化过程的影响。简单功能模型中土壤氮素矿化的基本思想是土壤有机氮的矿化量与培养时间成正比，利用土壤氮素矿化势（N_0）和一阶相对矿化速率常数（K）量化预测一段时间内植物可利用氮，但不同研究中 N_0 和 K 值有较大的波动。总之，土壤氮矿化一阶、双组分、混合模型等8种土壤氮素矿化模型中，双组分模型虽然有很好的模拟精度和效果，但是该模型及输入参数较多，参数率定过程非常复杂，且不同模型都会受培养温度、土壤湿度、土壤本底等因素的影响，亦未能将环境因素设定在具有普适性的方程中，在实际应用中局限性十分明显。

表 5.2　　氮肥添加再生水灌溉土壤氮素矿化势

耦合模型参数取值

参数	a	b	c	d	b_1	c_1	R^2	$RMSE$
取值	35.24	4.387	1.277	0.0006	−0.082	−0.003	0.917	18.37

表 5.3　　不同氮肥添加量下再生水灌溉土壤氮素矿化势

随时间变化模拟

时间 /d	氮肥添加量/(kg/hm²)							
	0	100	140	160	200	240	270	300
0	31.886	116.002	130.820	134.340	146.759	168.920	161.330	148.340
7	80.275	166.134	201.061	238.627	226.013	196.619	189.155	176.291
14	64.203	166.469	192.987	224.779	233.166	216.282	208.944	196.206
21	71.807	159.190	184.614	221.233	228.824	227.909	220.697	208.085
28	87.687	185.191	197.499	227.404	228.436	231.500	224.414	211.928
35	94.908	185.052	187.836	225.827	226.408	227.055	220.095	207.735
42	85.742	180.053	186.405	219.225	228.734	214.574	207.740	195.506
43	72.263	172.543	192.243	199.783	212.823	212.135	205.319	193.103
44	69.516	169.856	189.496	197.036	210.196	209.532	202.734	190.536
45	66.605	167.005	186.585	194.125	207.405	206.765	199.985	187.805
46	63.530	163.990	183.510	191.050	204.450	203.834	197.072	184.910
47	60.291	160.811	180.271	187.811	201.331	200.739	193.995	181.851
48	56.888	157.468	176.868	184.408	198.048	197.480	190.754	178.628
49	53.321	153.961	173.301	180.841	194.601	194.057	187.349	175.241
50	49.590	150.290	169.570	177.110	190.990	190.470	183.780	171.690

注　时间序列、氮肥添加量序列延长。

依据前人研究，氮素矿化量受氮肥添加量、培养时间影响，本研究假定氮素矿化量受氮肥添加量、培养时间为二阶方程，构

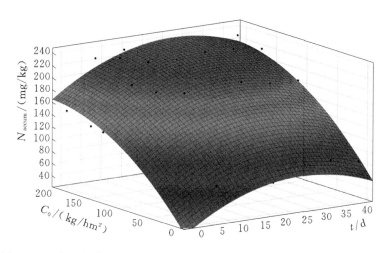

图 5.6 再生水灌溉不同氮肥添加和培养天数土壤氮素矿化势模拟

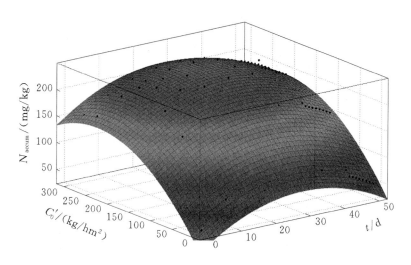

图 5.7 再生水灌溉不同氮肥添加和培养天数土壤氮素矿化势预测

建二元二次统计模型,该模型的相关系数达到 0.917,利用该模型模拟的结果表明,模拟值与实测值的相对误差仅为 9.28%,表明该模型可以预测、评估不同施氮水平再生水灌溉土壤氮素矿化动态。运用该模型预测最佳氮肥添加量为 212.83kg/hm²,土壤氮素净矿化量的最大值为 54.09mg/kg,而对应的培养时间为 14 天。

5.7　本　章　小　结

科学认识土壤中氮素形态及其转化过程，特别是灌溉、施肥条件下土壤氮素动态变化特征，对于提高施肥肥料、降低施肥环境负效应及资源消耗都具有重要现实意义。通过本项室内试验，主要研究结论如下：

（1）室内培养条件下，清水和再生水灌溉土壤氮素矿化动态基本一致，培养前期（小于 7 天）土壤氮素矿化作用强烈，14 天后土壤矿质氮含量基本处于动态平衡状态；7 天、14 天、21 天、28 天、35 天、42 天再生水灌溉土壤矿质氮的含量较清水灌溉提高了 1.85～2.64 倍，表明再生水灌溉提高了土壤的供氮能力。

（2）不同氮肥添加水平土壤氮素矿化动态基本一致，即培养前期（小于 7 天）土壤氮素矿化作用强烈，其中 ReN1、ReN2、ReN3、ReN4 和 ReCK 处理土壤矿质氮含量分别较前一培养时间提高了 1.54 倍、1.70 倍、1.54 倍、1.43 倍、2.52 倍；与 ReCK 处理相比，不同培养时间 ReN1、ReN2、ReN3 和 ReN4 处理土壤矿质氮含量分别提高了 3.43 倍、3.34 倍、2.85 倍、2.38 倍；表明氮肥添加促进了土壤氮素矿化激发，提高了土壤矿质氮的水平。

（3）不同氮肥添加水平土壤氮素矿化速率随时间逐渐降低并趋于稳定，所有处理 0～7 天土壤氮素矿化速率最大，土壤氮素矿化速率介于 2.63～14.90mg/（kg·d）之间，特别是 ReN2 处理土壤氮素矿化速率分别为 ReN1、ReN3、ReN4、ReCK 和 CK 处理的 1.32 倍、1.48 倍、2.08 倍、2.16 倍、5.67 倍；土壤氮素稳定矿化速率为 1.06～3.02mg/（kg·d）。土壤氮素矿化速率大致可划分为两个阶段：第一阶段，0～14 天为矿化激发阶段；第二阶段，14 天以后为稳定矿化阶段。

（4）土壤氮素净矿化势与有机氮含量呈非线性相关，相关关系表达式为 $N_{\text{net}} = -0.003c_0'^2 + 1.338c_0' - 110.73$（$R^2 = 0.88$），适宜氮肥投入促进了再生水灌溉土壤氮素矿化激发效应，但氮肥投入过量条件下，土壤氮素净矿化量增加并不明显。

（5）土壤氮素矿化势可表达为氮肥添加量、培养天数的二元二次函数，该函数为 $N_{accum} = 35.24 + 4.387t + 1.277C_0 - 0.082t^2 + 0.0006tC_0 - 0.003C_0^2$，该模型相关系数达到 0.9 以上，相对误差仅为 9.28%，表明该模型可以预测、评估不同施氮水平再生水灌溉土壤氮素矿化动态。运用该模型预测最佳氮肥添加量为 212.83kg/hm²，因此，可利用再生水灌溉和减氮追施，实现设施生境氮肥减施增效、缓解规避环境风险。

第6章 再生水灌溉对农作物产量和品质的影响

已有研究结果表明，再生水灌溉提高了番茄、黄瓜、茄子、豆角、小白菜、葡萄、甘蔗的产量，再生水灌溉通过调控土壤碳、氮矿化，改善土壤营养提高作物产量，再生水灌溉对作物品质的改善也是通过对土壤养分的调控来实现；但也有研究表明再生水灌溉降低了甘蓝维生素 C、粗蛋白和可溶性糖的含量，增加了玉米、饲用小黑麦 Pb、Cr 含量。为了进一步研究再生水灌溉对马铃薯、番茄生理生长指标的影响，利用多年田间定位试验，明确马铃薯和番茄生物量、产量、鲜果品质和氮肥利用效率等对再生水灌溉的响应特征，以期探明马铃薯和番茄再生水灌溉调质增效的管理策略。

6.1 试验设计、观测内容与方法

6.1.1 试验设计

6.1.1.1 再生水灌溉对马铃薯产量品质影响试验

马铃薯供试品种为郑薯五号。试验地土壤干容重及土壤颗粒分析见表 6.1，土壤质地分类按照国际制土壤质地分类标准。

表 6.1　　　　　　土壤干容重及土壤颗粒分析结果

深度 /cm	不同粒径的颗粒组成/%			质地	干容重 /(g/cm³)
	2～0.02mm	0.02～0.002mm	<0.002mm		
0～35	57.75	30.72	11.53	砂壤土	1.40
35～60	56.60	25.40	18.00	砂质黏壤土	1.42
60～100	49.92	34.31	15.77	黏壤土	1.42

试验设两种灌溉水质（二级处理再生水、二级处理再生水＋氯），两种灌溉技术（地下滴灌、沟灌），两种灌溉方法（分根交替灌溉、充分灌溉），共计 6 个试验处理，每个处理重复 3 次，试验处理设计见表 6.2。田间小区布置采用正交试验设计，试验小区规格为长 11.7m、宽 6.0m，小区面积 70.2m²。

表 6.2 田 间 试 验 处 理 设 计

处理	灌 溉 水 质	灌溉技术	灌 溉 方 法
E	二级处理再生水＋氯	地下滴灌	分根交替灌溉
F	二级处理再生水＋氯	地下滴灌	充分灌溉
I	二级处理再生水	地下滴灌	分根交替灌溉
J	二级处理再生水	地下滴灌	充分灌溉
K	二级处理再生水	沟灌	分根交替灌溉
L	二级处理再生水	沟灌	充分灌溉

马铃薯整个生育期内，充分灌溉处理保持土壤含水量为田间持水量的 90%。灌溉开始后，APRI 处理灌溉量为充分灌溉量的 70%。充分灌溉日灌溉量 $IA=$（土壤水分亏缺量－10mm）＋（实际日腾发量－日降雨量），土壤水分亏缺量为田间持水量与实测土壤含水量的差值。土壤含水量通过田间埋设的时域反射仪（TDR）测定。马铃薯生育期内其他管理措施完全一致。

6.1.1.2 再生水灌溉对番茄产量品质影响试验

试验采用完全随机区组设计，5 个处理，每个处理重复 3 次，共计 15 个小区。ReN1：再生水灌溉每次追施氮肥量为 90kg/hm²；ReN2：再生水灌溉＋氮肥追施减量 20%，即每次追施氮肥量为 72kg/hm²；ReN3：再生水灌溉＋氮肥追施减量 30%，即每次追施氮肥量为 63kg/hm²；ReN4：再生水灌溉＋氮肥追施减量 50%，即每次追施氮肥量为 45kg/hm²；CK：清水灌溉每次追施氮肥量为 90kg/hm²。基施肥料有化肥和有机肥，磷、钾和有机肥 100% 作为底肥一次施入，其中磷肥 180kg/hm²、钾肥 180kg/hm²，基施化肥（折合纯氮）180kg/hm²，有机肥为腐熟风干鸡粪 8000kg/

hm² （N，1.63%；P₂O₅，1.54%；K₂O，0.85%）。田间试验布置图详见图 2.1。

供试番茄品种为冬春茬普遍栽培的品种，2013—2015 年播种育苗日期分别为 2 月 10 日、2 月 13 日、3 月 2 日；移栽定植日期分别为 3 月 23 日、3 月 29 日、4 月 11 日；打顶日期分别为 6 月 5日、5 月 30 日、6 月 5 日；收获日期分别为 7 月 27 日、7 月 27 日、7 月 28 日；2013 年分别于 5 月 10 日（第一穗果膨大期）、5 月 30日（第二穗果膨大期）和 6 月 20 日（第四穗果膨大期）追施氮肥 3次；2014 年分别于 5 月 14 日（第一穗果膨大期）、5 月 25 日（第二穗果膨大期）和 6 月 12 日（第四穗果膨大期）追施氮肥 3 次；2015 年分别于 5 月 20 日（第一穗果膨大期）、6 月 5 日（第二穗果膨大期）和 6 月 20 日（第四穗果膨大期）追施氮肥 3 次。

6.1.1.3　再生水灌溉对小白菜产量品质影响试验

2015 年 6 月小白菜收获期整盆土混匀，将土壤样品剔除根系残体，迅速取 500g 土壤装入灭菌密封的氟乙烯塑料袋中，用冷藏箱 4℃保存，并迅速带回实验室。样品分两部分处理：部分土壤样品风干进行理化指标测定；剩余土壤样品于 −20℃保存以供土壤微生物群落结构测定。

土壤全氮、全磷，植株全氮、全磷采用德国 AA3 流动分析仪测定（BRAN LUEBBE）；土壤有机质测定采用重铬酸钾氧化-容量法；pH 值测定采用 PHS−1 型酸度计；土壤可溶性盐测定采用电导法。小白菜地上部分整盆收割后于电热恒温鼓风干燥箱（上海一恒科学仪器有限公司）70℃烘干至恒重，称取干重。

6.1.2　观测内容与测定方法

6.1.2.1　灌溉水质

试验年份马铃薯全生育期共灌溉 3 次，每次灌溉时采集灌溉水样，在 1 次灌溉过程中分 3 次取样，采集水样两瓶（每瓶 500mL），样品采集后及时送检或冷冻保存。测试指标包括 NO_3^-—N、NH_4^+—N、pH 值及电导率（EC 值）。灌溉水中 NO_3^-—N、NH_4^+—N

采用流动分析仪（德国 BRAN LUEBBE AA3）测定。pH 值采用 PHS-1 型酸度计测定，电导率采用电导仪测定。灌溉水水质测定结果见表 6.3。

表 6.3 灌溉水水质测定

取样日期	$NO_3^- -N/(mg/L)$	$NH_4^+ -N/(mg/L)$	pH 值	EC 值/(dS/m)
2007-05-12	4.406	28.439	7.75	1.98
2007-05-20	5.810	30.713	7.68	2.00
2007-06-10	5.100	29.566	7.63	2.03

6.1.2.2 植株中氮素测定

（1）马铃薯植株中氮素测定。首先将植物样品烘干、磨碎，称取 0.500g，置于 50mL 消煮管中，先滴加数滴水湿润样品，然后加入 8mL 浓硫酸，轻轻摇匀，在管口放置弯颈小漏斗，放置过夜。在消煮炉上文火消煮，当溶液呈均匀的棕黑色时取下。稍冷后，加入 10 滴 H_2O_2 到消煮管的底部，摇匀，再加热至微沸，消煮约 5 分钟取下，重复加 5～10 滴 H_2O_2，如此重复 3～5 次，每次添加的 H_2O_2 应逐次减少，消煮至溶液呈无色或清亮后，再加热 5～10 分钟，以除尽剩余的 H_2O_2。取下，冷却，用少量水冲洗弯颈漏斗，洗液流入消煮管中，将消煮液无损地洗入 100mL 容量瓶中，用水定容，摇匀。放置澄清后取上层清液进行稀释，使用流动分析仪（德国 BRAN LUEBBE AA3）进行植物全 N 的测定。

（2）马铃薯表皮和皮内组织病原微生物测定。随机在 8 个小区中各选取 3 株，每株取土豆 3 个，把每株上的 3 个土豆放入一个带拉链的消过毒的塑料袋中，其中注意在取土豆时不要刮掉土豆上的任何土，并且要快速操作，避免阳光照射。取样结束后，要在 4～5℃ 的环境中保存运输。小心去除将马铃薯表面的覆土，削皮，分别把皮和皮内组织切成小块并研磨成浆状，各称取 10g，加无菌水 90mL，用力摇 1 分钟，使之充分溶解混合。采用多管发酵法检测大肠菌群的含量。

（3）番茄生物量测定。分别于番茄第一穗果膨大期（5 月 20 日左右）、第二穗果膨大期（6 月 15 日左右）、第四穗果膨大期（7 月 7 日左右）、完熟期（7 月 18 日左右）采集植株样品。各小区选取长势健康番茄植株，分别剪取番茄植株地上部和根系，用去离子水反复冲洗干净后，放入烘箱，在 105℃下杀青 30 分钟，70 ℃下烘干至恒重（不少于 16 小时），称取干物质重。

（4）番茄产量测定和计算。在试验小区的中间位置选取 40 株作为测产区。番茄进入成熟期后，分批分次采摘成熟鲜果，测定各测产小区的鲜果重，分别称重记录，番茄生育期结束后，汇总各批次产量，计算各处理累积产量和亩产。

番茄果实中维生素 C 采用 2，6－二氯酚靛酚法测定，可溶性糖采用蒽酮法测定，总有机酸采用酚酞为指示剂滴定法，可溶性糖采用还原滴定法测定。番茄植株和果实全氮测定采用开氏消煮法结合流动分析仪测定。

6.1.2.3　数据处理与统计分析

所有田间和室内试验数据用 Microsoft Excel 2013 绘图；用 DPS 14.50 软件中的单因素方差分析和两因素方差分析进行显著性分析，利用邓肯氏新复极差法进行多重比较，置信水平为 0.05。

6.2　马铃薯产量品质对再生水灌溉响应特征

6.2.1　不同处理灌溉水利用效率对比分析

为了满足马铃薯移栽后对水分的需求，每个田间试验小区灌溉 34.72mm 作为播前灌溉。灌溉处理后，分根交替灌溉（APRI）和充分灌溉的灌溉量分别为 50.58mm 和 69.05mm，马铃薯全生育期内，APRI 及充分灌溉的灌溉量分别为 85.30mm 和 103.77mm。表 6.4 为马铃薯全生育期灌溉水利用效率（IWUE）。由表 6.4 可知，APRI 处理产量与充分灌溉处理差异不大，但 APRI 处理 I、K 产量较充分灌溉处理 J、L 略有提高，分别为 14.44%、18.54%。APRI 处理（E、I、K）灌溉水利用效率显著高于充分灌溉处理（F、J、

L），分别提高 21.48%、39.21% 和 44.21%（$p=0.05$），这可能主要是因为 APRI 处理作物部分根系处于水分胁迫时，产生的根源信号脱落酸传输至地上部叶片，调节气孔开度，大量减少其奢侈的蒸腾耗水，同时 APRI 处理使作物不同根区经受适宜的水分胁迫锻炼，刺激作物根系发育，明显增加根系密度，有利于充分利用土壤中的水、肥，从而使作物光合产物积累不至于减少甚至略有增加。

表 6.4　　各处理不同生育阶段灌溉量及灌溉水利用效率

处理	灌溉量/mm					产量 /(t/hm²)	灌溉水利用效率 /[kg/(hm²·mm)]
	灌前	第1次	第2次	第3次	总灌溉量		
E	34.72	10.14	15.94	24.50	85.30	9.62a	112.82a
F	34.72	10.14	22.78	36.13	103.77	9.64a	92.87b
I	34.72	10.14	15.94	24.50	85.30	11.57a	135.59a
J	34.72	10.14	22.78	36.13	103.77	10.11a	97.40b
K	34.72	10.14	15.94	24.50	85.30	7.48a	87.75a
L	34.72	10.14	22.78	36.13	103.77	6.31a	60.85b

6.2.2　土壤-作物系统氮素利用效率对比

图 6.1 为不同处理马铃薯植株体内全氮含量。充分灌溉处理 F、J 植株体内残留全氮较 APRI 处理 E、I 高，分别为 0.5%、3.37%；而充分灌溉处理 L 植株体内残留全氮较 APRI 处理 K 低 2.86%。充分灌溉处理（F、J、L）植株体中残留全氮与 APRI 处理（E、I、K）植株体中残留量对比并不明显（$p=0.05$），这主要是因为分根区交替灌溉使马铃薯根系经受一定程度的水分胁迫锻炼，刺激根系吸收补偿功能，复水后提高马铃薯对水氮吸收，因此 APRI 处理植株体残留氮较充分灌溉处理无明显差异。

图 6.2（a）表明，充分灌溉处理 J 土壤中残留 $NO_3^- \text{—} N$ 高于 APRI 处理 I（$p=0.05$），充分灌溉处理不同土层土壤中残留 $NO_3^- \text{—} N$ 均值较 APRI 处理高，分别为 2.01%、20.31%、

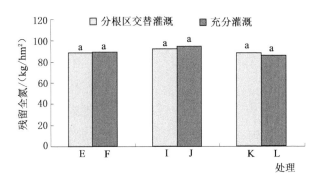

图 6.1　不同处理马铃薯植株体内全氮含量

17.68%。图 6.2（b）表明，除 APRI 处理 E 表层土壤中残留 NH_4^+—N 显著高于充分灌溉处理 F 土壤中残留量（$p=0.05$），其他处理对比均不明显；所有充分灌溉处理下层土壤中残留 NH_4^+—N 较 APRI 处理高，分别为 10.34%、3.75%、2.02%。图 6.2（c）充分灌溉处理 J 和 L 土壤中残留矿质氮显著高于 APRI 处理 I 和 K（$p=0.05$），所有充分灌处理不同土层（0～30cm 和 30～60cm）土壤中残留矿质氮较 APRI 处理高，分别为 1.30%、19.63%、17.05%和 13.52%、18.45%、33.17%。这主要是由于充分灌溉处理灌溉水中输入氮素较多，充分灌溉处理土壤中 NO_3^-—N 及矿质氮残留量较 APRI 处理多。

表 6.5 为马铃薯全生育期内不同处理土壤-作物系统氮素平衡及氮素利用效率 [$PNUE$＝作物产量/作物吸收氮），$ANUE$＝作物产量/（施肥量＋灌溉水中氮）]。

由表 6.5 可以看出，APRI 处理作物氮素利用效率（I、K）显著高于充分灌溉处理（J、L），而 APRI 处理 E 与充分灌溉处理 F 作物氮素利用效率对比分析并不明显（$p=0.05$），所有 APRI 处理作物氮素利用效率较充分灌溉高，增幅为 0.36%～18.29%。APRI 处理农田氮素利用效率（I、K）显著高于充分灌溉处理（J、L），而 APRI 处理 E 与充分灌溉处理 F 作物氮素利用效率对比分析并不明显（$p=0.05$），所有 APRI 处理作物氮素利用效率较充分灌溉高，分别为 2.86%、17.90%和 24.37%。除处理 E 和 F 外，APRI 处

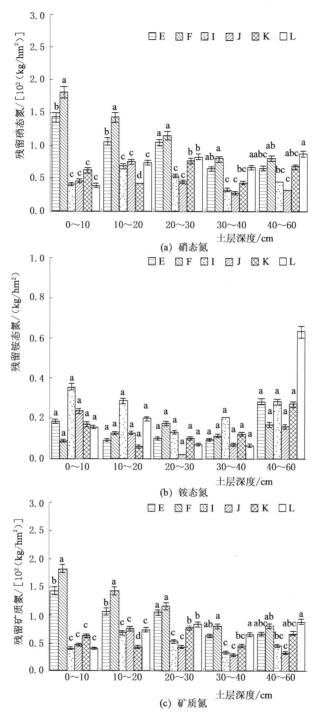

图 6.2 不同处理土壤中残留硝态氮、铵态氮及
矿质氮含量随土层深度化

理农田氮利用效率及作物氮利用效率均显著高于充分灌溉处理，这主要是因为 APRI 处理对作物的根系刺激、作物生理调控机制及土壤的生态激励，水分亏缺并未显著降低作物对氮素的吸收利用及作物产量。

表 6.5   马铃薯全生育期内不同处理土壤-作物系统
氮素平衡及氮素利用效率   单位：kg/hm²

处理	作物吸收氮素	残留氮素	本底值	施肥量折合纯氮素	灌溉水中氮素	作物氮素利用效率 PNUE	农田氮素利用效率 ANUE
E	85.53	399.35b	318.00	168.86	29.59	108.71a	48.49a
F	88.97	415.98a	318.00	168.86	35.60	108.32a	47.14a
I	91.83	335.12b	318.00	168.86	29.59	125.95a	58.28a
J	94.92	437.62a	318.00	168.86	35.60	106.48b	49.43b
K	88.27	313.15b	318.00	168.86	29.59	84.80a	37.72a
L	85.74	338.54a	318.00	168.86	35.60	73.64b	30.33b

6.2.3   根层土壤大肠菌群数量对比分析

图 6.3 为不同处理根层土壤中大肠菌群数量变化情况。由图 6.3 可知，处理 F、处理 J 和处理 L，根层土壤大肠菌群含量显著高于处理 E、处理 I 和处理 K，分别为 42.39％、15.67％ 和 57.97％。再生水加氯灌溉处理，根层土壤大肠菌群含量显著低于其他再生水灌溉处理，为 27.24％～57.42％，特别是再生水加氯交替地下滴灌处理，根层土壤大肠菌群含量仅为 159.61MPN/g，显著低于其他灌溉处理。不同灌溉方式对比分析表明，处理 I、处理 J 根层土壤大肠菌群含量显著高于处理 K、处理 L，分别为 41.48％、20.07％。表明地下滴灌处理减少了土壤蒸发，保持马铃薯生育期内根层土壤处于较适宜水分阈值范围，与沟灌处理相比，更有利于微生物的生长；加氯再生水灌溉，灌溉水中氯离子随灌溉进入土壤，大幅消减根层土壤中微生物数量。

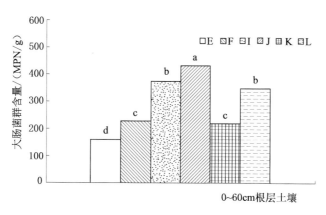

图 6.3 不同处理根层土壤中大肠菌群数量变化

6.2.4 马铃薯不同组织中大肠菌群含量

图 6.4 为不同处理大肠菌群在马铃薯表皮和组织内部的分布。由图 6.4 可知，处理 E、处理 F、处理 I、处理 J、处理 K 和处理 L，马铃薯表皮大肠菌群数量分别为 86MPN/100g、90MPN/100g、460MPN/100g、546MPN/100g、386MPN/100g、460MPN/100g，马铃薯组织内部大肠菌群数量分别为 46MPN/100g、60MPN/100g、220MPN/100g、231MPN/100g、120MPN/100g、102MPN/100g。各处理马铃薯组织内部大肠菌群数量显著低于表皮，这主要是因为马铃薯在生长过程中，其块茎会受到土壤中的微生物和灌溉水中的病原菌的不断侵袭，块茎的致密表皮能阻截外界微生物侵入到块茎内部；同时，当微生物进入块茎内部，马铃薯自身保护机制被启动，从而抑制有害微生物在组织内部大量繁殖。特别是，加氯再生水灌溉处理马铃薯表皮和组织内部的大肠菌群数量显著低于其他灌溉处理。

不同灌溉方式对比分析表明，处理 I、处理 J 马铃薯表皮大肠菌群数含量显著高于处理 K、处理 L，分别为 19.17%、18.70%；处理 I、处理 J 马铃薯组织内部大肠菌群数含量显著高于处理 K、处理 L，分别为 83.33%、126.47%。

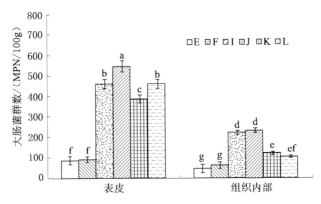

图6.4　不同处理大肠菌群的含量在马铃薯表皮和组织内部的分布

6.3　番茄产量品质对再生水灌溉响应特征

6.3.1　再生水灌溉对番茄生物量的影响

不同处理番茄生物量随生育期的动态变化见图6.5（以2013年为例）。各处理番茄生物量随生育期发展显著增加（$p<0.05$），第一穗果膨大期、第二穗果膨大期、第四穗果膨大期和生育末期，各处理番茄生物量均值分别为3.28t/hm^2、4.93t/hm^2、5.91t/hm^2、6.91t/hm^2，后一生长阶段番茄生物量均值分别较前一生长阶段增加50.38%、19.84%和16.98%。

各处理番茄生物量变化表明，第一穗果膨大期，除ReN1处理番茄生物量显著高于CK处理外，其余处理差异并不明显（$p<0.05$）；第二穗果膨大期，ReN1、ReN2、ReN3和ReN4处理番茄生物量均高于CK处理，特别是ReN2处理番茄生物量显著高于CK处理，提高了18.69%；第四穗果膨大期，ReN2、ReN3和ReN4处理番茄生物量均显著低于CK处理，分别低11.08%、20.55%、10.83%；生育末期，ReN1、ReN2、ReN3和ReN4处理番茄生物量均高于CK处理，分别提高了25.78%、11.84%、13.44%、9.31%。

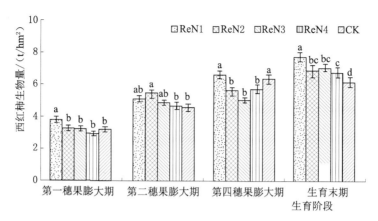

图 6.5　不同处理番茄生物量随生育期的动态变化

［柱上不同字母表示同一土层深度不同处理间在 0.05 水平上差异显著性（LSD）］

不同处理番茄地上部生物量随灌溉年份的动态变化详见图 6.6。不同灌溉处理番茄地上部生物量随灌溉年份均呈减小趋势，2015 年 ReN1、ReN2、ReN3、ReN4 和 CK 处理番茄地上部生物量分别较 2013 年降低了 4.77%、7.28%、6.49%、5.29% 和 4.73%，但差异并不明显。

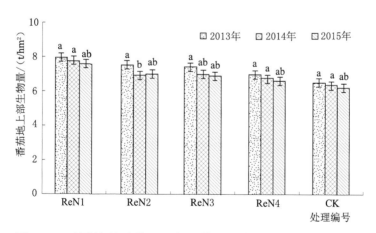

图 6.6　不同处理番茄地上部生物量随灌溉年份的动态变化

6.3.2　再生水灌溉对番茄产量和氮素利用的影响

表 6.6 为 2013—2015 年不同处理番茄生物量、产量、氮肥偏

生产力和供氮能力。由表 6.6 可知，与 CK 处理相比，ReN1、ReN2、ReN3、ReN4 处理氮肥输入量分别为 1.07～1.10、0.98～1.01、0.93～0.97、0.84～0.88 倍。不同处理番茄产量的变化表明，再生水灌溉处理番茄产量均高于 CK 处理（2014 年 ReN1 处理除外），特别是 ReN2 处理番茄产量显著高于 CK 处理（$p < 0.05$），2013—2015 年，ReN2 处理番茄产量分别较 CK 处理提高了 9.98%、9.37%、17.32%。植株和番茄鲜果中携带的氮、果实中的氮对比分析表明，再生水灌溉处理植株和番茄鲜果中携带氮、番茄鲜果中氮均高于 CK 处理（2014 年和 2015 年 ReN4 除外），ReN1、ReN2、ReN3 处理植株和番茄鲜果中携带氮均显著高于 CK 处理（$p < 0.05$），分别提高了 32.52%、33.55% 和 11.79%；ReN1、ReN2 处理番茄鲜果中氮均显著高于 CK 处理（$p < 0.05$），分别提高了 61.15%、70.12%。与 CK 处理相比，除 ReN1 处理外，再生水灌溉处理提高了氮肥偏生产力，ReN2、ReN3 和 ReN4 处理氮肥偏生产力分别提高了 24.39%、21.90%、32.74%；而且，ReN1 和 ReN2 处理 0～30cm 土层土壤供氮能力亦显著高于 CK 处理（$p < 0.05$），分别提高了 8.19% 和 9.75%。

表 6.6　2013—2015 年不同处理番茄生物量、产量、氮肥偏生产力和供氮能力

| 年份 | 处理 | 施氮量/(kg/hm²) | | 灌溉水中氮/(kg/hm²) | 生物量/(t/hm²) | 产量/(t/hm²) | 植株和果实中氮/(kg/hm²) | 果实中的氮/(kg/hm²) | 氮肥偏生产力/(kg/kg) | 供氮能力/(kg/hm²) |
		底肥	追肥							
2013	ReN1	310.4	270	63.38	7.96a	158.04ab	148.58 b	43.71 a	270.57 c	235.30 a
	ReN2	310.4	216	63.38	7.55b	160.18a	152.03 a	48.41 a	304.28 b	242.42 a
	ReN3	310.4	189	63.38	7.40b	151.90c	130.15 c	36.95 b	304.16 b	221.90 b
	ReN4	310.4	135	63.38	7.00c	149.81cd	119.71 d	30.69 bc	336.35 a	215.04 b
	CK	310.4	270	21.83	6.55d	145.64d	117.12 d	28.31 c	250.93 d	210.22 bc
2014	ReN1	310.4	270	87.34	7.76a	139.80c	146.76a	41.88a	240.87c	225.13a
	ReN2	310.4	216	87.34	6.90bc	153.65a	146.79a	43.16a	291.88b	226.73a
	ReN3	310.4	189	87.34	7.00b	146.70b	122.64b	29.43b	293.75b	222.27a
	ReN4	310.4	135	87.34	6.74c	140.70c	112.58bc	23.56bc	315.89a	203.02b
	CK	310.4	270	30.83	6.35d	140.48c	109.10c	26.56b	242.05c	209.20b

年份	处理	施氮量 /(kg/hm²)		灌溉水中氮 /(kg/hm²)	生物量 /(t /hm²)	产量 /(t /hm²)	植株和果实中氮 /(kg/hm²)	果实中的氮 /(kg/hm²)	氮肥偏生产力 /(kg/kg)	供氮能力 /(kg /hm²)
		底肥	追肥							
2015	ReN1	310.4	270	80.26	7.58a	142.09b	147.44a	42.57a	244.82c	231.30a
	ReN2	310.4	216	80.26	7.00b	156.44a	147.56a	43.93a	297.19a	232.42a
	ReN3	310.4	189	80.26	6.92bc	139.16bc	121.08b	28.64b	278.65b	216.90b
	ReN4	310.4	135	80.26	6.63c	134.74c	111.59c	22.57bc	302.51a	204.04c
	CK	310.4	270	20.00	6.24d	133.35c	108.27c	24.84bc	226.31d	220.22b

不同处理番茄产量随灌溉年份的动态变化详见图 6.7。不同灌溉处理番茄产量随灌溉年份呈减小趋势，2015 年 ReN1、ReN2、ReN3、ReN4 和 CK 处理番茄产量分别较 2013 年降低了 10.09％、2.33％、8.39％、10.06％和 8.44％，特别是 ReN1、ReN3、ReN4 和 CK 处理番茄产量显著降低（$p<0.05$）。

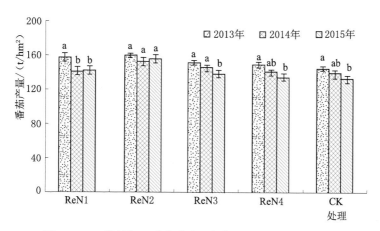

图 6.7　不同处理番茄产量随灌溉年份的动态变化

6.3.3　再生水灌溉对番茄鲜果品质的影响

6.3.3.1　再生水灌溉对番茄鲜果维生素 C 含量的影响

表 6.7 为不同处理番茄鲜果中维生素 C 含量的动态变化。图 6.8 为不同处理番茄鲜果中维生素 C 含量均值随灌溉年份的变化。

番茄鲜果中维生素 C 含量年内变化表明，与 CK 处理相比，ReN1、ReN2、ReN3 和 ReN4 处理番茄鲜果中维生素 C 含量分别提高了 8.35%、18.48%、6.17%、3.88%，但各处理之间差异并不明显（$p < 0.05$）。

表 6.7　不同处理番茄鲜果中维生素 C 含量的动态变化

单位：mg/100g

年份	处理	第一穗果	第二穗果	第三穗果	第四穗果	第五穗果	均值
2013	ReN1	15.575	17.822	19.335	19.398	19.335	18.293 a
	ReN2	15.453	18.391	18.989	20.396	18.989	18.444 a
	ReN3	14.967	18.536	19.068	19.729	19.068	18.274 a
	ReN4	14.866	18.169	18.837	19.292	18.837	18.000 a
	CK	14.315	18.116	18.806	19.219	18.806	17.852 a
2014	ReN1	9.978	11.243	14.805	20.230	19.427	15.137 a
	ReN2	11.244	12.670	16.286	24.007	21.465	17.134 a
	ReN3	10.112	11.395	14.228	18.649	19.146	14.706 a
	ReN4	10.684	12.039	12.697	21.343	14.684	14.289 a
	CK	9.584	10.799	13.600	17.478	16.511	13.594 a
2015	ReN1	10.477	11.918	15.545	22.253	18.502	15.739 a
	ReN2	11.806	13.430	17.100	26.408	20.443	17.837 a
	ReN3	10.618	12.079	14.939	20.514	18.234	15.277 a
	ReN4	11.218	12.761	13.332	23.477	13.984	14.954 a
	CK	10.063	11.447	14.280	19.225	15.724	14.148 a

番茄鲜果中维生素 C 含量年际变化表明，所有处理番茄鲜果中维生素 C 含量均呈减小趋势，2015 年 ReN1、ReN2、ReN3、ReN4 和 CK 处理番茄鲜果中维生素 C 含量分别较 2013 年降低了 13.96%、3.29%、16.40%、16.92% 和 20.75%，但差异并不显著（$p < 0.05$）。

6.3.3.2　再生水灌溉对番茄鲜果有机酸含量的影响

表 6.8 为不同处理番茄鲜果中有机酸含量的变化。图 6.9 为

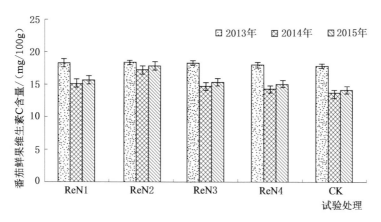

图 6.8　不同处理番茄鲜果中维生素 C 含量均值随灌溉年份的变化

不同处理番茄鲜果中有机酸含量均值随灌溉年份的变化。番茄鲜果中有机酸含量年内变化表明，与 CK 处理相比，ReN1、ReN2、ReN3 和 ReN4 处理番茄鲜果中有机酸含量分别提高了 5.67%、−0.23%、−2.12%、−5.84%，ReN1 处理番茄鲜果中有机酸含量显著高于其他灌溉处理（$p < 0.05$），分别较 ReN2、ReN3、ReN4 和 CK 处理提高了 6.72%、10.94%、16.62% 和 11.55%。

表 6.8　　　　　　不同处理番茄鲜果中有机酸含量的变化　　　　　　%

年份	处理	第一穗果	第二穗果	第三穗果	第四穗果	第五穗果	均值
	ReN1	0.464	0.513	0.462	0.472	0.495	0.481a
	ReN2	0.426	0.481	0.471	0.454	0.476	0.462a
2013	ReN3	0.425	0.493	0.542	0.440	0.462	0.472a
	ReN4	0.420	0.516	0.509	0.430	0.452	0.465a
	CK	0.444	0.517	0.468	0.507	0.532	0.494a
	ReN1	0.446	0.427	0.423	0.436	0.424	0.431a
	ReN2	0.420	0.418	0.399	0.392	0.393	0.404b
2014	ReN3	0.398	0.401	0.387	0.378	0.380	0.389c
	ReN4	0.376	0.368	0.360	0.377	0.368	0.370d
	CK	0.398	0.396	0.370	0.383	0.386	0.387c

续表

年份	处理	第一穗果	第二穗果	第三穗果	第四穗果	第五穗果	均值
	ReN1	0.491	0.449	0.550	0.458	0.467	0.483a
	ReN2	0.462	0.439	0.518	0.412	0.432	0.452ab
2015	ReN3	0.438	0.421	0.503	0.397	0.418	0.435ab
	ReN4	0.414	0.387	0.467	0.396	0.405	0.414b
	CK	0.438	0.416	0.555	0.403	0.424	0.447ab

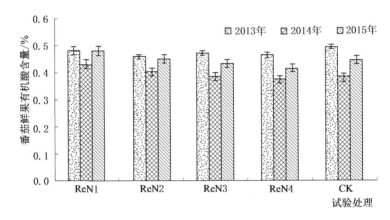

图 6.9　不同处理番茄鲜果中有机酸含量均值随灌溉年份的变化

番茄鲜果中有机酸含量年际变化表明，除 ReN1 处理番茄鲜果中有机酸含量基本稳定，其他处理番茄鲜果中有机酸含量均呈减小趋势，2015 年 ReN2、ReN3、ReN4 和 CK 处理番茄鲜果中有机酸含量分别较 2013 年降低了 2.02%、7.81%、11.06%、9.39%，但差异并不显著（$p < 0.05$）。番茄鲜果中有机酸含量对比及年际变化表明，常规追肥再生水灌溉处理显著降低了番茄鲜果口感品质。

6.3.3.3　再生水灌溉对番茄鲜果粗蛋白质量的影响

表 6.9 为不同处理番茄鲜果中粗蛋白质量分数。图 6.10 为不同处理番茄鲜果中粗蛋白质量分数均值随灌溉年份的变化。番茄鲜果中粗蛋白质量分数年内变化表明，与 CK 处理相比，ReN1、ReN2、ReN3 和 ReN4 处理番茄鲜果中粗蛋白质量分数含量分别提高了 11.27%、6.99%、−2.15%、−6.60%。

表 6.9   不同处理番茄鲜果中粗蛋白质量分数

单位：mg/100g，鲜重

年份	处理	第一穗果	第二穗果	第三穗果	第四穗果	第五穗果	均值
2013	ReN1	6.218	7.278	7.733	7.710	7.749	7.338a
	ReN2	6.625	7.090	7.215	7.095	7.804	7.166ab
	ReN3	6.012	6.316	7.407	6.104	6.714	6.511bc
	ReN4	6.344	5.973	7.715	5.777	6.354	6.433bc
	CK	5.678	6.861	7.644	5.692	5.977	6.371c
2014	ReN1	7.057	8.870	6.196	6.057	6.020	6.840a
	ReN2	7.059	8.504	5.676	5.737	5.636	6.522a
	ReN3	6.281	7.465	5.571	5.296	5.322	5.987a
	ReN4	5.886	7.150	5.357	5.017	4.611	5.604a
	CK	6.342	7.528	5.887	5.734	5.808	6.260a
2015	ReN1	7.409	9.402	6.505	6.663	5.733	7.143a
	ReN2	7.412	9.014	5.960	6.311	5.367	6.813a
	ReN3	6.595	7.913	5.850	5.825	5.069	6.250a
	ReN4	6.180	7.579	5.625	5.518	4.392	5.859a
	CK	6.659	7.979	6.182	6.308	5.531	6.532a

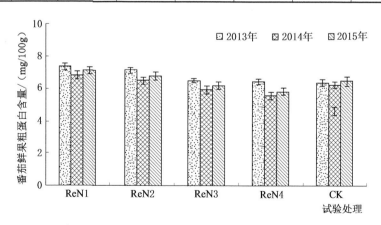

图 6.10   不同处理番茄鲜果中粗蛋白质量分数均值随灌溉年份的变化

番茄鲜果中粗蛋白质量分数年际变化表明，再生水灌溉处理番茄鲜果中粗蛋白质量分数均呈减小趋势，2015 年 ReN1、ReN2、

ReN3 和 ReN4 处理番茄鲜果中粗蛋白质量分数分别较 2013 年降低了 2.66％、4.92％、4.00％、8.92％。

6.3.3.4　再生水灌溉对番茄鲜果可溶性总糖含量的影响

表 6.10 为不同处理番茄鲜果中可溶性总糖含量。图 6.11 为不同处理番茄鲜果中可溶性总糖含量均值随灌溉年份的变化。番茄鲜果中可溶性总糖含量年内变化表明，与 CK 处理相比，ReN1、ReN2、ReN3 和 ReN4 处理番茄鲜果中可溶性总糖含量分别提高了 5.14％、10.84％、7.25％、2.92％。

表 6.10　　　　**不同处理番茄鲜果中可溶性总糖含量**　　　　　　　％

年份	处理	第一穗果	第二穗果	第三穗果	第四穗果	第五穗果	均值
2013	ReN1	3.342	4.048	3.889	4.060	3.889	3.846a
	ReN2	3.393	3.881	4.302	3.946	3.741	3.852a
	ReN3	3.147	3.960	3.794	3.218	3.794	3.583a
	ReN4	3.205	3.886	4.102	3.648	3.907	3.749a
	CK	3.171	3.734	3.865	3.671	3.514	3.591a
2014	ReN1	3.089	2.825	4.110	3.269	3.826	3.424a
	ReN2	3.018	3.630	4.439	3.423	4.529	3.808a
	ReN3	3.224	3.771	4.405	3.296	4.196	3.778a
	ReN4	3.192	3.392	4.045	3.352	3.055	3.407a
	CK	2.835	3.295	4.298	3.241	2.895	3.313a
2015	ReN1	3.244	3.490	4.110	3.596	3.644	3.617a
	ReN2	3.319	3.848	4.439	3.766	3.630	3.800a
	ReN3	3.290	3.771	4.405	3.626	3.500	3.718a
	ReN4	3.250	3.596	4.045	3.688	2.909	3.497a
	CK	2.977	3.493	4.298	3.565	2.895	3.445a

番茄鲜果中可溶性总糖含量年际变化表明，再生水灌溉处理番茄鲜果中可溶性总糖含量均呈减小趋势，2015 年 ReN1、ReN2、ReN4 和 CK 处理番茄鲜果中可溶性总糖含量分别较 2013 年降低了 5.95％、1.35％、6.72％、4.05％。

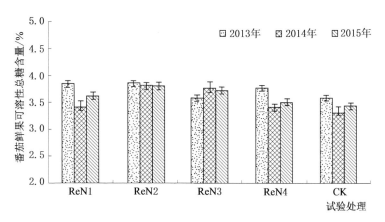

图 6.11 不同处理番茄鲜果中可溶性总糖含量均值随灌溉年份的变化

6.3.3.5 再生水灌溉对番茄鲜果糖酸比的影响

表 6.11 为不同处理番茄鲜果中的糖酸比。图 6.12 为不同处理番茄鲜果中糖酸比均值随灌溉年份的变化。番茄鲜果中糖酸比年内变化表明，与 CK 处理相比，ReN1、ReN2、ReN3 和 ReN4 处理番茄鲜果中糖酸比分别提高了 −0.13%、11.20%、9.55%、9.41%。

表 6.11 不同处理番茄鲜果中的糖酸比

年份	处理	第一穗果	第二穗果	第三穗果	第四穗果	第五穗果	均值
2013	ReN1	7.207	7.892	8.424	8.606	7.852	7.996ab
	ReN2	7.955	8.060	9.129	8.699	7.854	8.339a
	ReN3	7.408	8.025	7.001	7.319	8.217	7.594bc
	ReN4	7.632	7.533	8.065	8.479	8.648	8.071ab
	CK	7.141	7.218	8.264	7.247	6.607	7.295c
2014	ReN1	6.302	5.507	6.943	6.244	7.517	6.503c
	ReN2	6.549	7.241	7.956	7.277	9.612	7.727ab
	ReN3	7.453	7.838	8.124	7.258	9.210	7.977a
	ReN4	7.807	7.671	8.035	7.411	6.914	7.568ab
	CK	6.497	6.928	8.294	7.044	6.257	7.004bc

年份	处理	第一穗果	第二穗果	第三穗果	第四穗果	第五穗果	均值
2015	ReN1	6.610	7.776	7.477	7.850	7.810	7.504b
	ReN2	7.181	8.772	8.568	9.148	8.405	8.415a
	ReN3	7.517	8.958	8.749	9.125	8.381	8.546a
	ReN4	7.853	9.293	8.653	9.317	7.183	8.460a
	CK	6.799	8.392	7.741	8.856	6.825	7.723ab

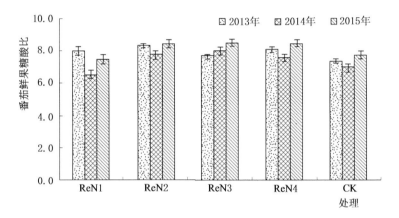

图 6.12 不同处理番茄鲜果中糖酸比均值随灌溉年份的变化

番茄鲜果中糖酸比年际变化表明，再生水灌溉处理番茄鲜果中糖酸比均呈增加趋势，2015 年 ReN2、ReN3、ReN4 和 CK 处理番茄鲜果中糖酸比分别较 2013 年增加了 0.90%、12.53%、4.81% 和 5.86%。

6.4 小白菜产量品质对再生水灌溉响应特征

6.4.1 再生水灌溉对小白菜生物量的影响

再生水灌溉下的小白菜生物量变化见表 6.12。在同一氮素水平下第一季各时期再生水灌溉处理小白菜生物量均高于清水灌溉处理组，清水灌溉处理、再生水灌溉处理生物量均呈现先升高再降低趋势。第二季 N4 水平下再生水灌溉处理生物量显著高于清水灌溉处理（$p < 0.05$）；N1 水平下生物量显著低于其他氮素处理（$p < 0.05$），其他氮素水平下生物量含量无明显差异。第三季同一氮素水平下再生水灌溉处理小白菜生物量均高于清水灌溉处理组，N4 水平下再生水灌溉处理小白菜生物量最高。

表 6.12　　　　　再生水灌溉下的小白菜生物量变化

处理	各时期生物量/(g/pot)（g/盆）		
	第一季	第二季	第三季
CN0	11.22a	20.1bc	12.64a
RN0	17.02bcd	19.87bc	16.32abc
CN1	11.95a	11.46a	17.17bcd
RN1	17.54cd	14.21a	19.56cd
CN2	16.06bcd	20.37bc	17.84bcd
RN2	17.29cd	19.29bc	19.03bcd
CN3	13.60ab	19.49bc	12.81a
RN3	17.02bcd	19.11bc	17.88bcd
CN4	15.60bc	17.79b	12.36a
RN4	18.45cd	21.04c	20.13cd
CN5	18.95cd	20.70bc	15.37d
RN5	19.74d	20.58bc	20.05ab

注　同列不同字母表示同列间在 0.05 水平上差异显著性。

6.4.2　再生水灌溉对小白菜植株全氮和全磷的影响

不同时期再生水灌溉植株的全氮变化见表 6.13。清水处理、再生水处理第一季植株全氮含量均随氮素水平的增加而提高。除 N0、N5 氮素水平外，在同一氮素水平下第一季再生水处理植株含氮量均高于清水处理组。随氮素水平的增加而提高，第二季清水处理、再生水处理植株全氮含量均呈现先降低后升高再降低然后再升高趋势（W 趋势）。除 N1 氮素水平外，在同一氮素水平下第二季再生水处理植株含氮量均高于清水处理组。

表 6.13　　　　　　不同时期再生水灌溉植株的全氮变化

处理	各时期植株全氮含量/(g/kg)		
	第一季	第二季	第三季
CN0	(22.10±4.84)ab	(33.33±0.75)cde	(27.71±3.33)ab
RN0	(21.69±1.94)a	(36.10±2.87)de	(25.45±2.85)a
CN1	(26.04±1.91)bc	(25.60±4.40)ab	(34.28±2.31)ef
RN1	(27.38±1.35)cd	(24.14±1.42)a	(28.73±4.36)abc
CN2	(28.10±2.50)cd	(33.89±10.56)cde	(33.01±2.71)cdef
RN2	(29.14±3.53)cd	(37.92±3.92)e	(30.74±1.93)bcde
CN3	(28.27±2.68)cd	(27.55±3.12)abc	(29.55±1.05)abcd
RN3	(30.94±1.79)d	(29.53±5.69)abcd	(30.11±3.88)abcde
CN4	(29.16±3.30)cd	(27.38±3.43)abc	(30.68±2.71)bcde
RN4	(29.81±2.33)cd	(30.35±3.72)abcd	(31.11±2.84)bcdef
CN5	(35.52±1.15)e	(28.83±1.83)bc	(34.00±2.60)def
RN5	(29.63±1.17)cd	(32.44±1.59)bde	(35.49±3.89)f

注　同列不同字母表示同列间在 0.05 水平上差异的显著性。

随氮素水平的增加而提高，第三季清水处理、再生水处理植株全氮含量均呈先升高再降低然后再升高趋势。N0、N1、N2 氮素水平下第三季再生水处理植株含氮量均低于清水处理组，N3、N4、N5 氮素水平第三季再生水处理植株含氮量均高于清水处理组。再生水灌溉促进了植株对氮素的吸收和积累。

再生水灌溉下植株全磷的变化见表 6.14。随氮素水平的增加而提高，第一季清水处理、再生水灌溉处理植株全磷含量均呈先降低然后略有变化再降低趋势。在 N0、N1 氮素水平，第一季再生水处理植株含磷量均高于清水处理组，其他氮素水平下（N2、N3、N4、N5）则与之相反。随着氮素水平的增加而提高，第二季清水处理、再生水处理植株全磷含量总体呈现先升高再降低趋势。

表 6.14　　　　　　再生水灌溉下植株全磷的变化

处理	各时期植株全磷含量/(g/kg)		
	第一季	第二季	第三季
CN0	(6.44±0.72)c	(5.76±0.63)abc	(6.68±0.71)bcd
RN0	(5.21±0.43)ab	(4.73±0.57)a	(8.28±1.83)d
CN1	(5.50±0.42)abc	(8.79±0.21)g	(4.32±0.21)a
RN1	(5.05±1.06)a	(8.04±0.86)fg	(7.27±0.77)cd
CN2	(5.31±0.43)ab	(6.78±0.86)cdef	(5.83±1.06)abc
RN2	(6.07±1.02)bc	(7.58±1.30)eg	(7.18±2.81)cd
CN3	(5.36±0.53)ab	(6.02±0.96)abcdf	(5.55±0.62)abc
RN3	(5.51±0.82)abc	(6.22±0.88)bcde	(6.90±1.48)bcd
CN4	(4.74±0.65)a	(5.12±0.42)ab	(6.09±0.93)abc
RN4	(5.28±0.33)ab	(7.35±1.78)defg	(5.93±0.61)abc
CN5	(4.58±0.38)a	(5.17±0.66)ab	(5.55±1.59)abc
RN5	(4.71±0.35)a	(5.06±0.90)ab	(5.04±0.57)ab

注　同列不同字母表示同列间在 0.05 水平上差异的显著性。

在 N0、N1、N5 氮素水平，第二季再生水处理植株含磷量均低于清水处理组，其他氮素水平下（N2、N3、N4）则与之相反。随着氮素水平的增加而提高，第三季再生水处理植株全磷含量呈现逐步降低趋势；随着再生水灌溉时间的持续，植株全磷发生规律性变化。在 N0、N1、N2、N3 氮水平下，第三季再生水处理植株含磷量均高于清水处理组，其他氮素水平下（N4、N5）则与之相反。

6.4.3　再生水灌溉对土壤酶活性的影响

再生水灌溉下的土壤蔗糖酶活性见表 6.15。随着氮素水平的增加而提高，第一季清水处理、再生水处理土壤含蔗糖酶活性均呈现先升高然后降低趋势。除 N0 水平，第一季再生水处理土壤含蔗糖酶活性均低于清水处理组。在 N0 水平，第二季再生水处理土壤含蔗糖酶活性达到最大值，清水处理土壤含蔗糖酶活性接近最大值。

在氮素处理下，土壤含蔗糖酶活性变化波动较大。在 N0、N1、N2、N3、N4、N5 氮素水平下，第三季再生水处理土壤含蔗糖酶活性均低于清水处理组，随着再生水灌溉的持续，土壤含蔗糖酶活性呈明显的下降趋势，再生水抑制了土壤含蔗糖酶活性。

表6.15　　再生水灌溉下的土壤蔗糖酶活性

处理	土壤蔗糖酶活性/[(mg/g)·24h]		
	第一季	第二季	第三季
CN0	(27.19±2.11)c	(23.02±2.43)cd	(29.62±3.10)g
RN0	(28.77±2.25)c	(29.42±3.26)e	(25.87±1.40)f
CN1	(33.62±2.84)d	(24.78±1.61)d	(23.40±1.92)ef
RN1	(29.39±1.75)c	(16.78±1.43)a	(21.61±2.26)de
CN2	(27.90±1.76)c	(22.89±1.82)cd	(23.18±2.43)ef
RN2	(27.61±2.27)c	(23.33±1.14)cd	(14.38±1.67)a
CN3	(27.33±3.34)c	(22.53±2.30)cd	(24.12±2.70)ef
RN3	(26.53±2.80)bc	(20.15±2.25)bc	(23.27±2.04)ef
CN4	(28.49±2.73)c	(24.53±2.86)d	(17.79±1.89)bc
RN4	(23.86±2.19)b	(20.39±2.03)bc	(16.91±1.01)abc
CN5	(17.94±2.01)a	(18.57±1.91)ab	(19.22±2.22)cd
RN5	(16.82±1.89)a	(19.18±3.33)ab	(16.23±1.82)ab

注　同列不同字母表示同列间在 0.05 水平上差异的显著性。

再生水灌溉的土壤脲酶活性见表6.16。除 N5 氮水平，第一季再生水处理土壤脲酶活性均低于清水处理组。随着氮素水平的增加，第一季清水处理土壤脲酶活性呈现先降低然后升高趋势；随着氮素水平的增加，第一季再生水处理土壤脲酶活性均呈现先升高然后降低再升高趋势。第二季再生水处理土壤脲酶活性均低于清水处理组。随着氮素水平的增加，第二季清水处理、再生水处理土壤脲酶活性均呈现先降低然后升高趋势。在 N0、N3、N4、N5 氮水平，第三季再生水处理土壤脲酶活性均低于清水处理组，其他氮素水平下（N1、N2）则与之相反。第三季土壤脲酶活性呈不规律变化。

表 6.16　　　　　　　再生水灌溉的土壤脲酶活性

处理	各时期土壤脲酶活性/[(mg/g)·24h]		
	第一季	第二季	第三季
CN0	(0.89±0.06)abcd	(0.79±0.03)cd	(1.17±0.13)ab
RN0	(0.83±0.09)abc	(0.75±0.03)cd	(1.09±0.09)a
CN1	(1.01±0.06)d	(0.61±0.04)ab	(1.06±0.11)a
RN1	(0.78±0.03)ab	(0.61±0.05)ab	(1.12±0.04)a
CN2	(0.98±0.06)d	(0.67±0.03)abc	(1.01±0.06)a
RN2	(0.75±0.07)a	(0.55±0.05)a	(1.12±0.06)a
CN3	(0.87±0.07)abcd	(0.76±0.06)cd	(1.12±0.09)a
RN3	(0.74±0.07)a	(0.70±0.07)bcd	(1.01±0.07)a
CN4	(0.94±0.07)cd	(0.76±0.06)cd	(1.13±0.08)a
RN4	(0.75±0.07)a	(0.70±0.08)bcd	(1.12±0.06)a
CN5	(0.91±0.09)bcd	(0.82±0.09)d	(1.33±0.06)b
RN5	(0.89±0.06)abcd	(0.79±0.03)cd	(1.17±0.13)ab

注　同列不同字母表示同列间在 0.05 水平上差异的显著性。

6.5　本　章　小　结

再生水灌溉对马铃薯、番茄产量和品质影响的主要研究结论如下：

（1）再生水灌溉对马铃薯产量和品质影响表明：加氯再生水交替灌溉处理表层土壤矿质氮（0～10cm、10～20cm）显著高于其他灌溉处理，加氯再生水交替灌溉后，由于氯离子的输入消减土壤微生物数量、降低土壤微生物活性，显著降低了土壤矿质氮的固持作用。因此，加氯再生水交替灌溉保持马铃薯产量的同时，增加了根层土壤氮素可利用性及后效性；加氯再生水交替灌溉根层土壤、马铃薯表皮及组织内部大肠菌群的含量显著低于其他灌溉处理，同时，加氯再生水交替灌溉马铃薯表皮、组织内部大肠菌群数量低于马铃薯淀粉标准一级品规定，表明采用加氯再生水交替灌溉可大大降低病原微生物进入马铃薯组织内部，降低人类食用风险。

（2）再生水灌溉对番茄产量和品质影响表明：与清水灌溉常规

氮肥追施处理相比，再生水灌溉处理第二穗果膨大期和生育末期番茄生物量均显著增加；再生水灌溉常规氮肥追施处理对番茄增产效果并不明显，且显著降低氮肥利用效率；再生水灌溉减施追肥20％处理番茄产量显著高于其他处理，同时，提高了番茄植株和鲜果中氮含量、氮肥偏生产力。此外，不同灌溉处理番茄地上部生物量和产量随灌溉年份增加均呈减小趋势，再生水灌溉常规氮肥追施和减施追肥30％～50％处理番茄产量降幅明显，但再生水灌溉减施追肥20％处理番茄产量下降并不明显。与清水灌溉常规氮肥追施处理相比，再生水灌溉减施追肥20％～30％处理显著提高了番茄鲜果中氮含量、氮肥偏生产力，番茄鲜果中氮含量增幅为19.21％～69.99％，氮肥偏生产力增幅则21.86％～24.20％；特别再生水灌溉减施追肥20％处理还显著提高了0～30cm土层土壤供氮能力。与清水灌溉常规氮肥追施处理相比，再生水灌溉常规氮肥追肥处理显著提高番茄鲜果中有机酸含量，但再生水灌溉减施追肥20％处理显著提高了番茄果实糖酸比和可溶性糖含量，表明减施追氮再生水灌溉可以改善番茄的营养品质而不影响其风味品质，而常规追氮再生水灌溉则显著降低了其风味品质。

（3）再生水灌溉对小白菜生物量影响表明：小白菜生物量表现为再生水灌溉处理高于清水灌溉处理。土壤全氮在三季度均呈现出低氮处理与高氮处理土壤全氮有较大波动的趋势。在低氮和高氮水平下，再生水处理土壤全氮高于清水处理组，但差异不显著（$p >$ 0.05）。在同一氮素水平下各时期再生水处理土壤全磷含量均高于清水处理组，再生水中的氮磷含量较高，再生水持续灌溉增加了土壤中氮磷的含量。同一氮素水平下再生水灌溉处理植株全氮含量和小白菜生物量高于清水灌溉处理组，土壤全氮变化不显著，再生水灌溉有利于植株对氮素的吸收和积累，提高氮素生物有效性。再生水灌溉处理土壤蔗糖酶活性均低于清水处理组，长期再生水灌溉抑制了土壤蔗糖酶活性。再生水灌溉处理土壤脲酶活性低于清水灌溉处理组，但长期再生水灌溉增加了土壤脲酶活性。

第7章 再生水灌溉对设施生境因子演变的影响

再生水利用的健康风险评价起步于20世纪80年代，再生水的作物健康风险主要来自于再生水中含有的过量营养盐、重金属、持久性有机污染物和新型污染物等，上述污染物可能导致作物冗余生长或抑制作物生长，也可影响作物品质；再生水的水源来源广泛、复杂，限于当前的社会发展水平、处理工艺等因素还不能实现所有污染物的完全去除。因此，开展再生水灌溉对生境健康的影响评估就显得尤为重要。为了研究长期再生水灌溉对设施生境土壤的环境效应，通过再生水灌溉土壤生境因子（pH值、EC值、OM、Cd、Cr）的周年变化特征分析，探讨土壤生境因子对再生水灌溉的响应特征，并利用暴露剂量估算模型评估长期再生水灌溉的健康风险，探明设施（生境）再生水灌溉下4种典型限制性因子的致癌途径和致癌风险阈值。

7.1 试验设计观测内容与方法

7.1.1 观测内容与测定方法

采集种植前及收获后土壤样品：分别于番茄移栽前（2013年3月背景值）、收获后（2013年8月、2014年8月、2015年8月）采集土壤样品。每个小区利用直径为3.5 cm标准土钻取土壤样本，土壤样本采集采用5点取样法、混合均匀成1个混合样，采样深度分别为0～10cm、10～20cm、20～30cm、30～40cm、40～60cm。

根际、非根际土壤温度测定：分别在番茄植株根系及根系之间安装土壤温度自动记录仪（LOGGER：LGR-DW 41，中国杭州），测试时间为番茄移栽后至收获前。土壤温度测定采用 4 通道多点温度自动记录仪，分别在番茄根际、非根际埋设土壤温度探头，埋设深度 0.1m，测定间隔为 2 小时，每个试验小区埋设土壤温度探头 2 组。试验设计详见图 2.1。

土壤测试指标为 pH 值、EC 值、有机质、镉、铬。土壤有机质采用重铬酸钾氧化-容量法测定；土壤镉、铬采用原子吸收分光光度计（SHIMADZU，AA-6300C）测定。

7.1.2　数据处理与统计分析

利用 Microsoft Excel 2013 和 Matlab 进行绘图和统计模型的构建；利用 DPS 14.50 软件中的单因素方差分析和两因素方差分析进行显著性分析，利用邓肯氏新复极差法进行多重比较，置信水平为 0.05。

7.2　设施空气温度、湿度变化特征

2013—2015 年设施环境中空气温、湿度变化一致，现以 2013 年为例。番茄全生育期（4—7 月）空气温度、湿度日变化详见图 7.1。4—7 月空气温、湿度变化趋势基本一致，空气温度变化趋势表现为：0：00—6：00 空气温度基本平稳、6：00—14：00 空气温度逐渐升高，并在 14：00 达到最大，4—7 月空气温度极大值分别为 31.06℃、28.39℃、35.01℃、38.05℃，14：00—22：00 空气温度逐渐降低；气温升高显著降低了空气中的湿度，特别是在 6：00—14：00，空气中的湿度下降明显，14：00 时空气湿度最小，4—7 月空气湿度极小值分别为 40.37％、55.95％、42.29％、40.55％。

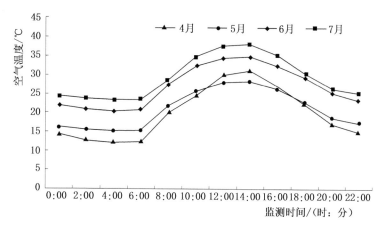

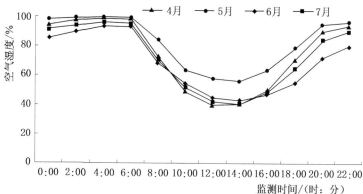

图 7.1 番茄全生育期（4—7月）空气温度、湿度日变化

7.3 设施土壤温度变化特征

土壤温度影响着植物的生长、发育和土壤中各种生物化学过程，如微生物活动所引起的生化过程和非生化学过程都与土壤温度密切相关。土壤温度受太阳辐射能、生物热和地球内热的影响，一般土壤太阳辐射能是其热量的主要来源，对于设施农田生态系统，生化活动放热（生物热）成为土壤温度的差异的主要因素，土壤微生物分解有机质的过程是放热过程，释放出的热量，一部分被微生物用来作为进行生物同化的能量，其余大部分用来提高根层土壤温度，进而促进根系生化活动和根系分泌物增加。大多数土壤微生物

的活动适宜温度为 15～45℃，在此温度范围内，温度越高，微生物活动能力越强；土温过低或过高，则会抑制微生物活动，从而影响到土壤养分、有机质矿化和相应酶促过程，进而影响土壤养分的生物有效性。

7.3.1　根际、非根际土壤温度变化特征

7.3.1.1　相同处理根际、非根际土壤温度变化特征分析

图 7.2 为番茄全生育期根际、非根际土壤温度的动态变化。番茄根际土壤温度略高于非根际土壤。ReN1、ReN2、ReN3、ReN4 和 CK 处理，番茄全生育期根际土壤温度均值分别为 22.59℃、22.47℃、22.32℃、22.23℃、21.32℃；非根际土壤温度均值分别为 22.46℃、22.18℃、22.20℃、22.12℃、21.28℃；相同处理番茄全生育期根际土壤平均温度分别较非根际土壤温度高 0.13℃、0.29℃、0.12℃、0.11℃、0.04℃。

7.3.1.2　不同处理根际、非根际土壤温度变化特征分析

图 7.3 为不同处理根际、非根际土壤温度随时间动态变化对比。根际土壤温度变化结果表明，ReN1、ReN2、ReN3、ReN4 处理土壤温度高于 CK 处理，分别提高了 5.96%、5.37%、4.69%、4.27%；非根际土壤温度变化结果与根际土壤一致，即 ReN1、ReN2、ReN3、ReN4 处理土壤温度较 CK 处理，分别提高了 5.57%、4.24%、4.36%、3.96%，表明再生水灌溉处理促进了土壤微生物活动，进而提高了根层土壤温度。

7.3.2　土壤温度日变化特征

图 7.4～图 7.8 分别为不同处理根际、非根际土壤温度日动态变化特征。所有处理根际、非根际土壤温度日动态变化表明，土壤温度变化趋势呈"抛物线"分布，波峰出现在 20：00—22：00、波谷出现在 10：00—12：00。4—7 月，所有处理根际土壤平均温度分别为 18.92～20.11℃、20.45～21.61℃、22.33～24.02℃、24.59～26.21℃；4—7 月，所有处理非根际土壤平均温度分别为

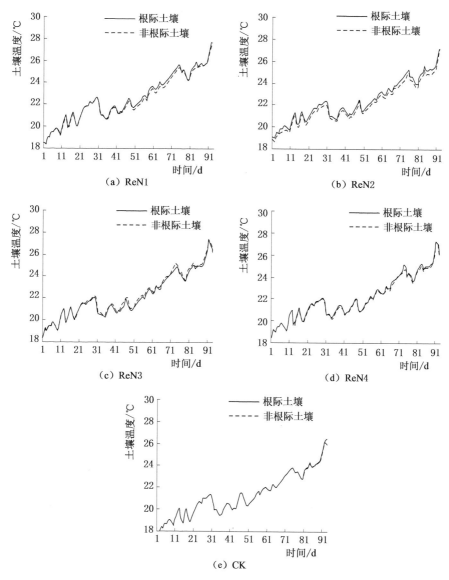

图 7.2 番茄全生育期根际、非根际土壤温度的动态变化

19.90～19.84℃、20.40～21.52℃、22.29～23.66℃、24.50～25.83℃。4—7月，所有处理番茄根际土壤平均温度分别为19.69℃、21.30℃、23.39℃、25.57℃，番茄根际土壤平均温度分别为19.60℃、21.13℃、23.15℃、25.35℃，根际土壤平均温度分别较非根际土壤高0.09℃、0.17℃、0.24℃、0.22℃。

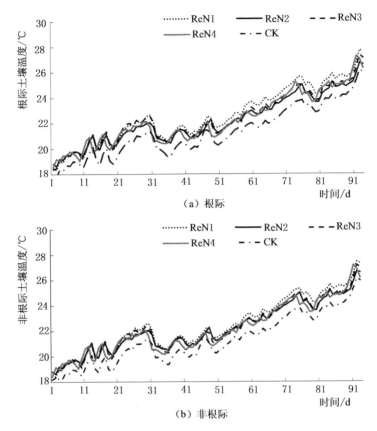

图 7.3　不同处理根际、非根际土壤温度随时间动态变化对比

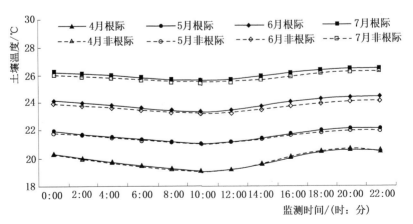

图 7.4　ReN1 处理根际、非根际土壤温度日动态变化特征（4—7 月）

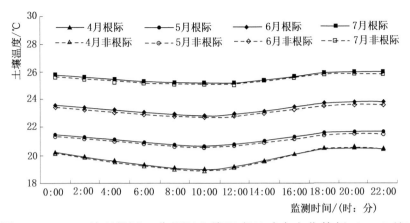

图 7.5 ReN2 处理根际、非根际土壤温度日动态变化特征（4—7 月）

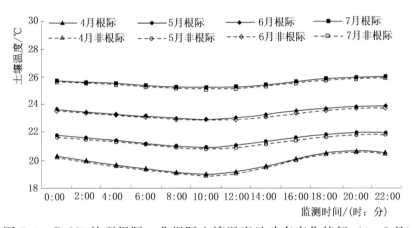

图 7.6 ReN3 处理根际、非根际土壤温度日动态变化特征（4—7 月）

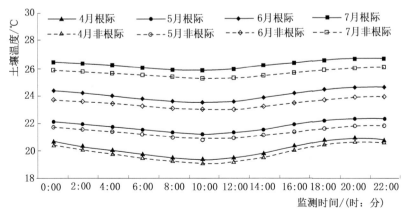

图 7.7 ReN4 处理根际、非根际土壤温度日动态变化特征（4—7 月）

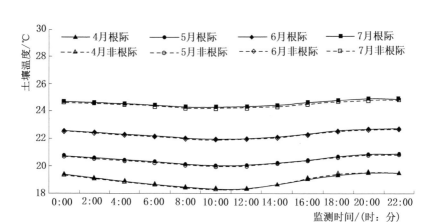

图 7.8 CK 处理根际、非根际土壤温度日动态变化特征 （4—7 月）

图 7.9 为番茄全生育期内根际、非根际土壤平均温度随月份动态变化特征。图 7.10 为番茄全生育期内根际、非根际土壤温度回归分析。番茄全生育期内，根际和非根际土壤平均温度随月

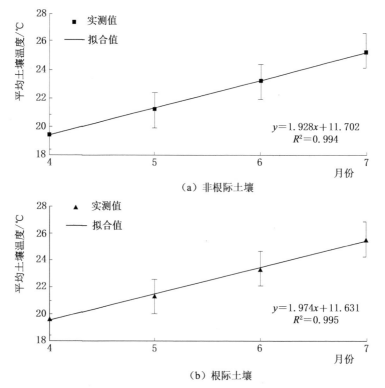

（a）非根际土壤

（b）根际土壤

图 7.9 番茄全生育期内根际、非根际土壤平均温度随月份动态变化特征

份（4—7月）逐渐增加，且根际和非根际土壤平均温度与月份线性拟合方程的决定系数（R^2）均超过0.994；番茄全生育期内，根际土壤温度与非根际土壤温度回归分析表明，根际土壤温度与非根际土壤温度具有显著正相关（$R^2 = 0.999$）。

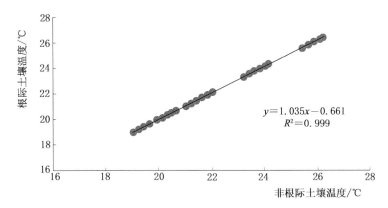

$$y = 1.035x - 0.661$$
$$R^2 = 0.999$$

图7.10 番茄全生育期内根际、非根际土壤温度回归分析

7.4 土壤酸碱度动态变化特征分析

图7.11为不同灌溉处理不同土层土壤pH值随灌溉年份的变化（以ReN2、CK处理为例）。所有处理土壤pH值随土层深度增加有增加趋势，灌溉3年后，0～10cm、10～20cm、20～30cm、30～40cm、40～60cm土层土壤pH值分别达到8.289、8.560、8.776、8.901、8.907，0～10cm、10～20cm、20～30cm土层土壤pH值较背景值分别降低了0.017、0.101、0.051，但30～40cm、40～60cm土层土壤pH值较背景值分别增加了0.027、0.075。各处理0～60cm土层土壤平均pH值背景值为8.70；灌溉3年后，ReN1、ReN2、ReN3、ReN4、CK处理，0～60cm土层土壤平均pH值分别为8.65、8.63、8.56、8.53和8.60，分别较背景值降低了0.65%、0.78%、1.61%、1.93%、1.11%。与CK处理相比，再生水灌溉对不同土层土壤pH值影响并不明显（$p < 0.05$）。值得注意的是，土壤酸碱性不仅直接影响作物的生长，而且与土壤

中元素的转化和释放以及微量元素的有效性等都有密切关系，再生水灌溉引起土壤 pH 值轻微下降，即土壤轻微酸化可能降低肥效，甚至作物减产。

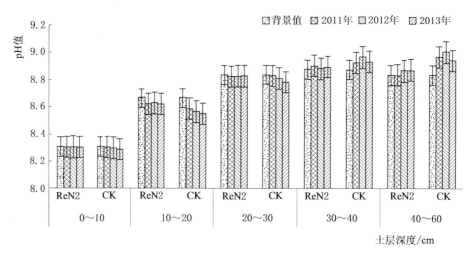

图 7.11　不同灌溉处理不同土层土壤 pH 值随灌溉年份的变化
（以 ReN2、CK 处理为例）

土壤 pH 值与灌溉年数、灌溉水质耦合模型可近似表达为

$$pH = a + bW + cI + dWI + c'I^2 \tag{7.1}$$

式中　　　　pH——土壤酸碱度；

I——灌溉年数，a；

W——灌溉水质；

a、b、c、d、c'——经验常数。

不同再生水灌溉年数土壤 pH 值耦合模型参数取值详见表 7.1，不同土层土壤 pH 值与灌溉水质和灌溉年数的模拟结果详见图 7.12。模拟结果表明，土壤 pH 值与灌溉年数、灌溉水质的相关性系数均大于 0.84，构建的数学模型均方根误差小于 0.04。特别是常规氮肥追施清水灌溉、0～20cm 土层土壤 pH 值与灌溉年数呈线性负相关，即随灌溉年数增加，0～20cm 土层土壤 pH 值降幅明显；而常规氮肥追施再生水灌溉、0～60cm 土层土壤 pH 值与灌溉年数呈曲线相关，这可能主要是因为再生水中溶解性有机质的输入，提高了土壤缓冲性能。

表 7.1 不同再生水灌溉年数土壤 pH 值耦合模型参数取值

土层深度 /cm	参　数						
	a	b	c	d	c'	R^2	$RMSE$
0～10	8.291	0.010	0.010	−0.007	−0.0008	0.92	0.003
10～20	8.702	−0.048	0.019	−0.024	0.012	0.96	0.012
20～30	8.808	0.013	0.025	−0.016	−0.0001	0.93	0.007
30～40	8.828	0.046	−0.01	0.018	−0.012	0.84	0.019
40～60	8.664	0.112	0.030	0.022	−0.024	0.84	0.041

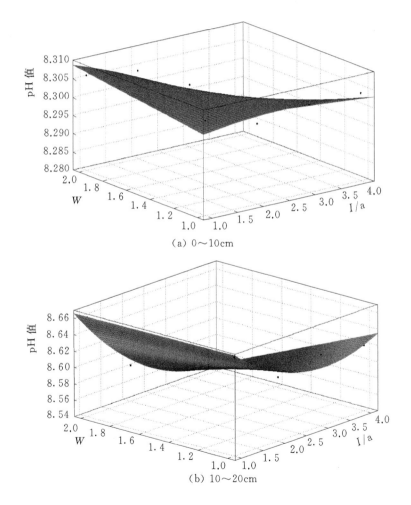

(a) 0～10cm

(b) 10～20cm

图 7.12 (一)　不同土层土壤 pH 值与灌溉水质和灌溉年数的模拟结果

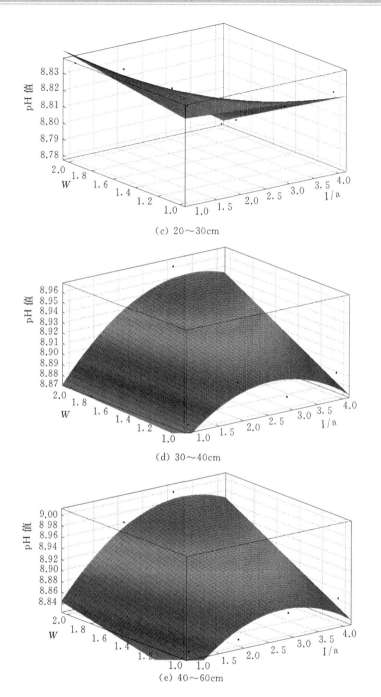

(c) 20～30cm

(d) 30～40cm

(e) 40～60cm

图 7.12（二）　不同土层土壤 pH 值与灌溉水质和灌溉年数的模拟结果

7.5 土壤含盐量动态变化特征分析

图 7.13 为不同土层土壤 EC 值随灌溉年份的变化（以 ReN2、CK 处理为例）。灌溉 3 年后，0～10cm、10～20cm、20～30cm、30～40cm、40～60cm 土层土壤 EC 值分别达到 0.187%、0.096%、0.091%、0.085%、0.084%，0～10cm、10～20cm 土层土壤 EC 值较背景值分别降低了 0.040%、0.015%，但 20～30cm、30～40cm、40～60cm 土层土壤 EC 值较背景值分别增加了 0.006%、0.006%、0.007%。各处理 0～60cm 土层土壤 EC 背景值为 0.219%～0.077%。灌溉 3 年后，番茄收获后 0～10cm、10～20cm、20～30cm、30～40cm、40～60cm 土层土壤含盐量，ReN1 处理分别较 2013 年增加 −11.12%、−12.90%、6.54%、10.13%、26.59%，ReN2 处理分别较 2013 年增加 −15.55%、−16.32%、4.44%、3.69%、3.26%，ReN3 处理分别较 2013 年增加 −11.16%、−7.39%、6.61%、2.47%、2.77%，ReN4 处理分别较 2013 年增加 −10.49%、−8.74%、27.22%、14.60%、20.31%，CK 处理分别较 2013 年增加 −23.72%、−25.61%、−8.78%、−15.52%、−5.90%。

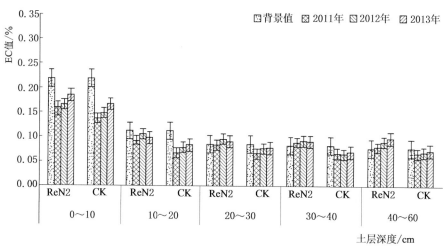

图 7.13 不同土层土壤 EC 值随灌溉年份的变化（以 ReN2、CK 处理为例）

与 CK 处理土壤剖面相比，再生水灌溉处理导致盐分在 0～60cm 土层积累，ReN1、ReN2、ReN3、ReN4 处理，0～60cm 土层土壤 EC 均值分别较 CK 处理增加了 21.49％、13.28％、17.55％、26.67％。由此可见，再生水灌溉导致 0～60cm 耕层土壤出现不同程度的盐分累积，主要是因为设施农田土壤在大气蒸发力作用下，下层土壤盐分被带到表层土壤，导致表层土壤盐分"积聚"，这可能引起设施土壤次生盐渍化和土壤退化。

土壤 EC 值与灌溉年数和灌溉水质耦合模型可近似表达为

$$EC = e + fW + iI + jWI + i'I^2 \tag{7.2}$$

式中　　　　EC——土壤含盐量，％；

I——灌溉年数，a；

W——灌溉水质；

e、f、i、j、i'——经验参数。

不同再生水灌溉年数土壤 EC 值耦合模型参数取值详见表 7.2。不同土层土壤 EC 值与灌溉水质和灌溉年数的模拟结果详见图 7.14。模拟结果表明，20cm 以上土层土壤 EC 值与灌溉年数呈抛物线相关，而 20cm 以下土层土壤近似指数相关。

表 7.2　不同再生水灌溉年数土壤 EC 值耦合模型参数取值

土层深度 /cm	参数						
	e	f	i	j	i'	R^2	$RMSE$
0～10	0.322	−0.118	−0.002	−0.005	0.023	0.92	0.013
10～20	0.153	−0.038	−0.004	−0.005	0.008	0.73	0.013
20～30	0.094	−0.004	−0.002	−0.004	0.002	0.67	0.008
30～40	0.088	0.003	0.0005	−0.007	0.002	0.90	0.005
40～60	0.074	0.004	0.006	−0.008	0.002	0.96	0.003

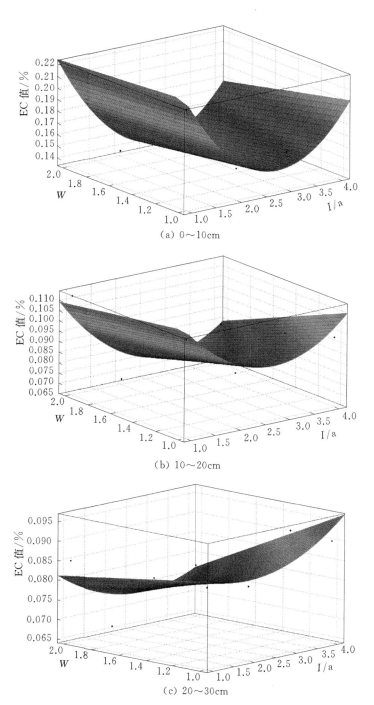

(a) 0～10cm

(b) 10～20cm

(c) 20～30cm

图 7.14（一） 不同土层土壤 EC 值与灌溉水质和灌溉年数的模拟结果

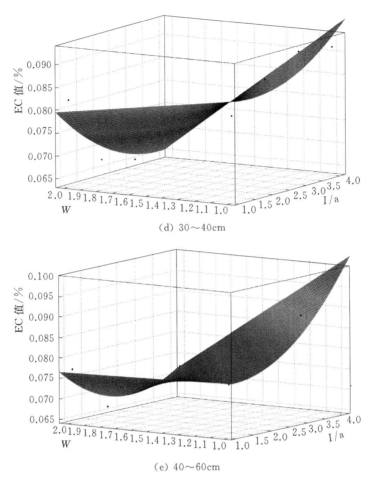

图 7.14（二）　不同土层土壤 EC 值与灌溉水质和灌溉年数的模拟结果

7.6　土壤有机质动态变化特征分析

7.6.1　不同土层土壤有机质动态变化特征分析

土壤有机质（OM）含量不仅是土壤肥力的重要指标，也是重要的碳库，全球土壤有机碳库约为 1500Pg，是大气碳库的 2 倍，土壤有机碳库较小幅度的波动，将导致大气中 CO_2 浓度较大幅度的变动，进而影响全球气候变化，农田具有大气 CO_2 源和库的双重潜力，历史上由于人类对农田的过度开垦和耕种，造成土壤有机质含量大幅度下降，降低了农田的作物产量潜力；同时导致大量的碳以CO_2形式由陆地生态系统排放到大气圈，加剧了全球温室效应；同时，有机质除提高土壤缓冲性能、改善土壤团粒结构、保水保肥等诸多作用外，土壤有机质中还含有植物需要的多种矿质营养和微量元素，是氮素赋存的主要场所，土壤表层中大约$80\%\sim97\%$的氮以有机态存在于有机质之中。已有研究结果表明，灌溉施肥、耕作措施等农田管理方式能够显著地影响土壤有机碳库，而有机肥料的施用、秸秆还田、免耕以及弃耕农田还林还草等保护性管理措施则能够提高农田土壤有机质含量，起到大气碳汇的作用。施肥主要通过两条途径影响土壤有机碳库含量及动态：一是增加土壤中残茬和根的输入；二是影响土壤微生物的数量和活性，进而影响 SOM 生物降解过程。再生水灌溉增加了 $1\sim0.05$mm 颗粒态有机质含量，颗粒态有机质（POM）属于活性较高的有机碳库，随着再生水灌溉年数的增长，土壤有机质含量显著提高。

图 7.15 为不同灌溉处理不同土层土壤 OM 含量随灌溉年数的变化。不同土层土壤 OM 含量背景值为 $0.16\%\sim1.34\%$，土壤 OM 含量随土层深度的增加逐渐减小。与 CK 处理相比，灌溉 3 年后，再生水灌溉处理提高了 $0\sim60$cm 土层土壤 OM 含量，ReN1、

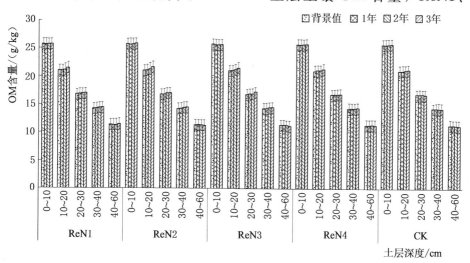

图 7.15 不同灌溉处理不同土层土壤 OM 含量随灌溉年数的变化

ReN2、ReN3、ReN4 处理，0～60cm 土层土壤平均 OM 含量分别增加了 0.62%、0.89%、0.61%、0.39%。特别是，与土壤 OM 含量背景值相比，10～40cm 土层土壤 OM 含量增幅介于 0.83%～2.75%之间。

7.6.2　土壤有机质含量随灌溉年数变化特征分析

图 7.16 为不同处理 0～60cm 土层土壤 OM 含量均值随灌溉年数的变化。灌溉 5 年后，ReN1、ReN2、ReN3、ReN4、CK 处理，0～60cm 土层土壤 OM 含量均值分别较背景值增加了 1.01%、1.28%、1.00%、0.78%、0.38%；同时，与 CK 处理相比，ReN1、ReN2、ReN3、ReN4 处理 0～60cm 土层土壤 OM 含量均值分别提高了 0.63%、0.89%、0.61%、0.39%。所有灌溉处理

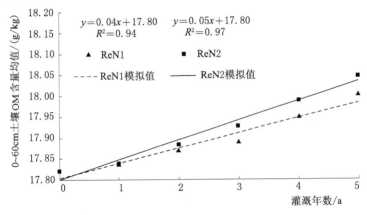

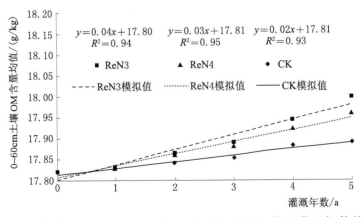

图 7.16　不同处理 0～60cm 土层土壤 OM 含量均值随灌溉年数的变化

0～60cm 土层土壤 OM 含量均值与灌溉周期均符合线性方程，拟合分式分别如下：

ReN1 处理： $OM_{\text{mean}} = 0.04 I_{\text{season}} + 17.80$ $R^2 = 0.94$ (7.3)

ReN2 处理： $OM_{\text{mean}} = 0.05 I_{\text{season}} + 17.80$ $R^2 = 0.97$ (7.4)

ReN3 处理： $OM_{\text{mean}} = 0.04 I_{\text{season}} + 17.80$ $R^2 = 0.94$ (7.5)

ReN4 处理： $OM_{\text{mean}} = 0.03 I_{\text{season}} + 17.81$ $R^2 = 0.95$ (7.6)

CK 处理： $OM_{\text{mean}} = 0.02 I_{\text{season}} + 17.81$ $R^2 = 0.93$ (7.7)

式中 OM_{mean}——0～60cm 土层土壤 OM 均值；

        I_{season}——灌溉周期，每种作物完整全生育期为一灌溉周期。

不同处理 0～60cm 土层土壤 OM 含量均值与灌溉周期回归分析表明，再生水灌溉处理可以提高土壤 OM 含量，尤其是 ReN2 处理土壤 OM 含量随灌溉周期的增加最为明显。

7.7 典型重金属镉 (Cd)、铬 (Cr) 动态变化特征分析

图 7.17 为不同土层土壤重金属镉含量随灌溉年数的变化。2013 年，0～60cm 土层土壤平均镉含量背景值为 0.2049mg/kg；灌溉 3 年后，ReN1、ReN2、ReN3、ReN4、CK 处理，0～60cm 土层土壤平均镉含量分别为 0.1900mg/kg、0.2019mg/kg、0.2082mg/kg、0.2096mg/kg 和 0.2070mg/kg，分别较背景值增加了−7.29％、−1.45％、1.60％、2.30％、1.03％。与 CK 处理相比，再生水灌溉对不同土层土壤镉含量影响并不明显（$p < 0.05$）。

图 7.18 为不同土层土壤重金属铬含量随灌溉年数的变化。2013 年，0～60cm 土层土壤平均铬含量背景值为 50.20mg/kg；灌溉 3 年后，ReN1、ReN2、ReN3、ReN4、CK 处理，0～60cm 土层土壤平均铬含量分别为 49.19mg/kg、49.66mg/kg、50.21mg/kg、50.23mg/kg 和 50.21mg/kg，分别较背景值增加了−2.01％、−1.07％、0.03％、0.06％、0.03％。与 CK 处理相比，再生水灌溉对不同土层土壤铬含量影响并不明显（$p < 0.05$）。

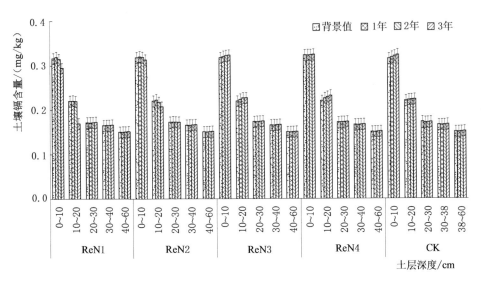

图 7.17　不同土层土壤镉含量随灌溉年数的变化

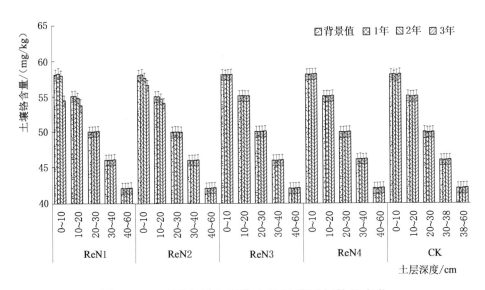

图 7.18　不同土层土壤铬含量随灌溉年数的变化

2015 年，ReN1、ReN2、ReN3、ReN4、CK 处理，0～20cm 土层土壤平均镉含量分别较背景值增加了－13.60％、－3.17％、2.61％、3.91％、1.58％，而 0～20cm 土层土壤平均铬含量分别较

背景值增加了 -4.41%、-2.37%、0.05%、0.13%、0.06%；ReN1 和 ReN2 处理表层土壤镉、铬均表现为降低趋势，这可能主要因为土壤 pH 值降低增加了土壤重金属活性、提高作物对镉、铬的吸收，从而增加土壤重金属污染食品风险。

土壤重金属镉与灌溉水质和灌溉年数耦合模型可近似表达为

$$Cd = a + bW + cI + dWI + c_1 I^2 \tag{7.8}$$

式中　　　　Cd——土壤重金属镉含量，mg/kg；

　　　　　　I——灌溉年数，a；

　　　　　　W——灌溉水质；

a、b、c、d、c_1——经验常数。

不同再生水灌溉年数土壤重金属镉耦合模型参数取值详见表 7.3。不同土层重金属镉含量与灌溉水质和灌溉年数的模拟结果详见图 7.19。

表 7.3　不同再生水灌溉年数土壤重金属镉耦合模型参数取值

土层深度 /cm	参数						
	a	b	c	d	c_1	R^2	$RMSE$
0～10	0.330	-0.003	-0.014	0.009	-0.003	0.89	0.005
10～20	0.240	0.001	-0.026	0.016	-0.006	0.81	0.012
20～30	0.172	-0.0004	-0.0005	0.0004	0	0.87	0
30～40	0.167	-0.001	-0.0005	0.0003	0.0001	0.80	0.0002
40～60	0.152	-0.0009	-0.001	0.0006	0.0006	0.70	0.0004

模拟的结果表明，30cm 以上土层土壤重金属镉含量有降低趋势，特别是再生水灌溉处理随灌溉年数增加降幅明显，30cm 以下土层土壤重金属镉含量有小幅增加趋势，预测 38 年后，土壤重金属镉含量将达到 0.30mg/kg（GB 15618—1995《土壤环境质量标准》）。

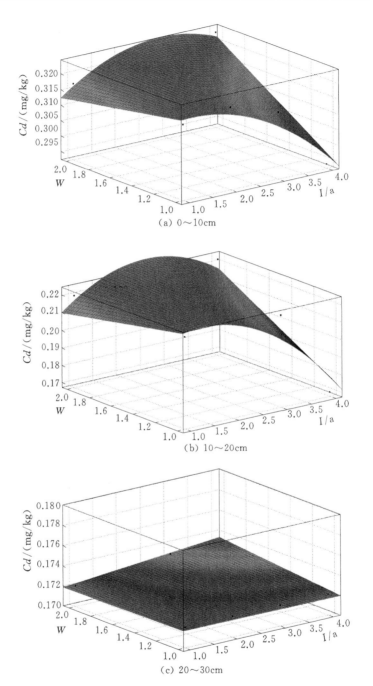

图 7.19（一）　不同土层土壤重金属镉含量（Cd）与灌溉水质（W）和
灌溉年数（I）的模拟结果

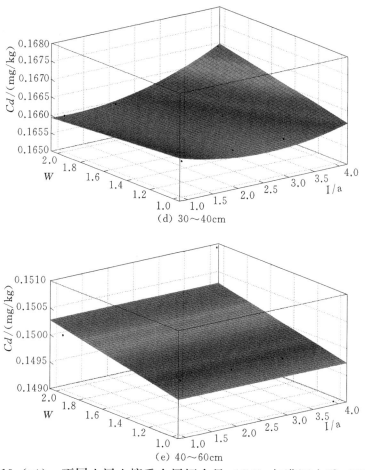

图 7.19（二） 不同土层土壤重金属镉含量（Cd）与灌溉水质（W）和
灌溉年数（I）的模拟结果

土壤重金属铬与灌溉年数、灌溉水质耦合模型可近似表达为

$$Cr = a' + b'W + c'I + d'WI + c_1'I^2 \qquad (7.9)$$

式中　　　　　　　Cr——土壤重金属铬含量，mg/kg；

　　　　　　　　　I——灌溉年数，a；

　　　　　　　　　W——灌溉水质；

a'、b'、c'、d'、c_1'——经验常数。

不同再生水灌溉年数土壤铬含量耦合模型参数取值详见表7.4。
不同土层土壤重金属铬含量与灌溉水质和灌溉年数的模拟结果详见
图 7.20。

表 7.4　不同再生水灌溉年数土壤铬含量耦合模型参数取值

土层深度 /cm	参　　数						
	a'	b'	c'	d'	c_1'	R^2	$RMSE$
0～10	60.11	−0.908	−1.82	1.217	−0.301	0.94	0.49
10～20	55.78	−0.295	−0.702	0.462	−0.125	0.92	0.21
20～30	50.03	−0.007	−0.030	0.019	−0.006	0.88	0.01
30～40	46.01	−0.004	−0.004	0.003	−0.0002	0.93	0.001
40～60	42.00	−0.001	−0.0005	0.0003	0.0001	0.80	0.0002

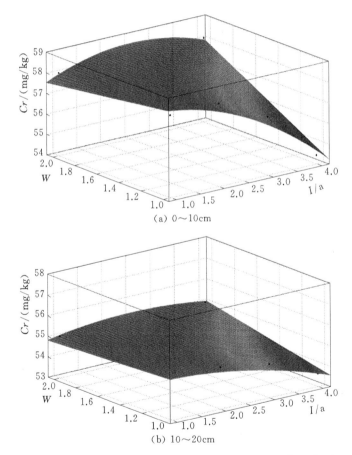

图 7.20（一）　不同土层土壤重金属铬含量（Cr）与灌溉水质（W）和
灌溉年数（I）的模拟结果

166

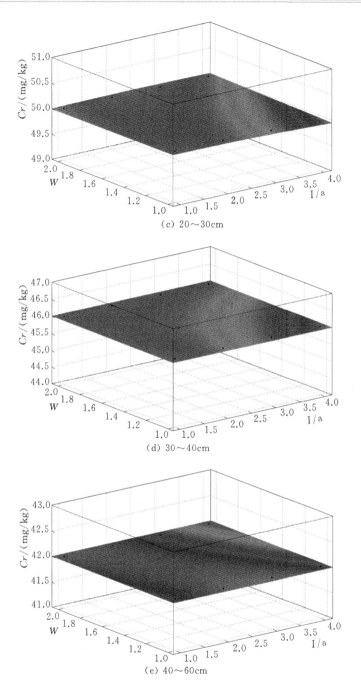

图 7.20（二）　不同土层土壤重金属铬含量（Cr）与灌溉水质（W）和
灌溉年数（I）的模拟结果

　　模拟的结果表明，20cm 以上土层土壤重金属铬含量有降低趋势，特别是再生水灌溉处理随灌溉年数增加降幅明显，与土壤重金属镉模拟结果一致；20～60cm 土层土壤重金属铬含量基本稳定；40～60cm 以下土层土壤重金属铬含量有小幅增加趋势，土壤环境质量标准二级限值（200mg/kg），预测 1265 年后，土壤重金属铬含量将达到该标准限值。

　　土壤重金属镉含量与灌溉年数、氮肥追施量耦合模型可近似表达为

$$Cd = e + fF + gI + hFI + f_1F^2 + g_1I^2 \qquad (7.10)$$

式中　　　　　　　　Cd——土壤重金属镉含量，mg/kg；

　　　　　　　　　　I——灌溉年数，a；

　　　　　　　　　　F——氮肥追施量，kg/hm²；

e、f、g、h、f_1、g_1——经验常数。

　　不同氮肥追施量和再生水灌溉年数土壤重金属镉含量耦合模型参数取值详见表 7.5，不同土层土壤重金属镉含量与氮肥追施量和灌溉年数的模拟结果详见图 7.21。

表 7.5　　不同氮肥追施量和再生水灌溉年数土壤重金属
镉含量耦合模型参数取值

土层深度 /cm	参　　数							
	e	f	g	h	f_1	g_1	R^2	$RMSE$
0～10	0.263	0.0003	0.026	0	0	−0.002	0.86	0.003
10～20	0.135	0.0005	0.047	−0.0001	0	−0.004	0.78	0.008
20～30	0.169	0	0.001	0	0	−0.0001	0.79	0.0002
30～40	0.164	0	0.0005	0	0	0	0.77	0.0002
40～60	0.146	0	0.001	0	0	0	0.70	0.0003

　　模拟的结果表明，20cm 以上土层土壤重金属镉含量与灌溉年数、氮肥追施量均呈曲线相关（开口向下），特别是氮肥追施量越高，表层土壤重金属镉含量随灌溉年数增加降幅明显；20cm 以下土层土壤重金属镉含量随灌溉年数增加有小幅增加趋势。

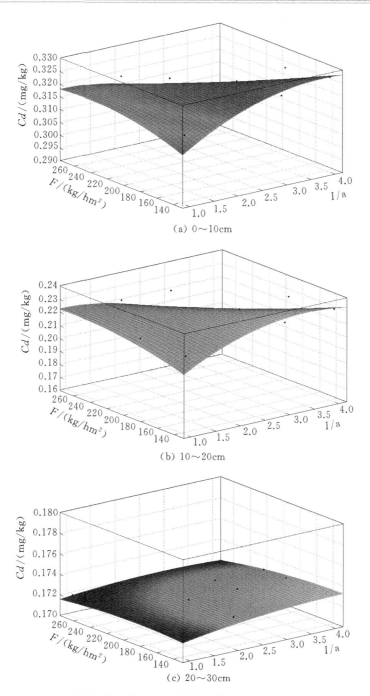

图 7.21 （一） 不同土层土壤重金属镉含量（Cd）与氮肥追施量（F）和
灌溉年数（I）的模拟结果

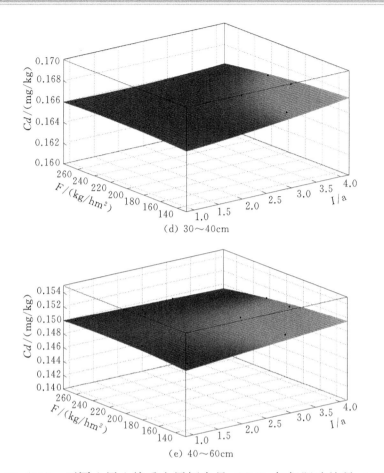

图 7.21（二）　不同土层土壤重金属镉含量（Cd）与氮肥追施量（F）和
灌溉年数（I）的模拟结果

土壤重金属铬与灌溉年数、氮肥追施量耦合模型可近似表达为

$$Cr = e' + f'F + g'I + h'FI + f_1'F^2 + g_1'I^2 \qquad (7.11)$$

式中　　　　　　　　Cr——土壤重金属铬含量，mg/kg；

I——灌溉年数，a；

F——氮肥追施量，kg/hm²；

e'、f'、g'、h'、f_1'、g_1'——经验常数。

不同氮肥追施量和再生水灌溉年数土壤重金属铬含量耦合模型
参数取值详见表 7.6，不同土层土壤重金属铬含量与氮肥追施量和
灌溉年数的模拟结果详见图 7.22。

表 7.6　　不同氮肥追施量和再生水灌溉年数土壤重金属
铬含量耦合模型参数取值

土层深度 /cm	参数							
	e'	f'	g'	h'	f'_1	g'_1	R^2	RMSE
0～10	51.67	0.046	2.604	−0.010	0	−0.218	0.87	0.43
10～20	53.49	0.007	1.120	−0.004	0	−0.107	0.78	0.26
20～30	49.87	0.001	0.039	−0.0001	0	−0.003	0.70	0.01
30～40	45.97	0.0002	0.005	0	0	−0.0002	0.76	0.002
40～60	42	0	0.0002	0	0	0	0.61	0.0002

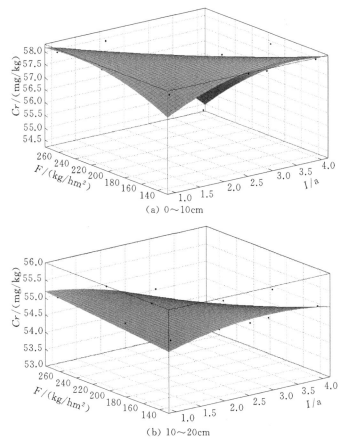

图 7.22（一）　不同土层土壤重金属铬含量（Cr）与氮肥追施量（F）和
灌溉年数（I）的模拟结果

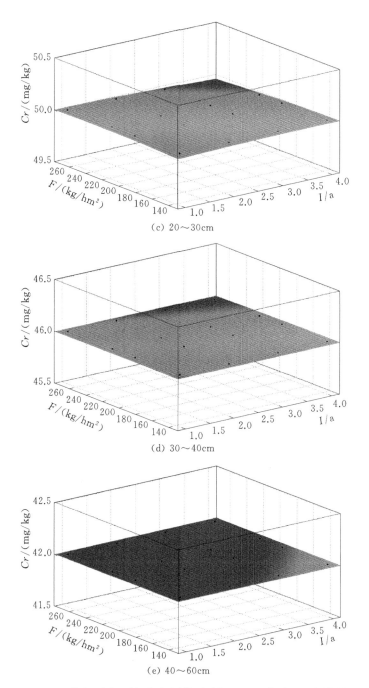

图 7.22（二）　不同土层土壤重金属铬含量（Cr）与氮肥追施量（F）和
灌溉年数（I）的模拟结果

7.8 再生水灌溉设施土壤生境的健康风险评估

环境健康风险评价包括4个基本步骤：一是危害鉴定，即明确所评价的污染要素的健康终点；二是剂量-反应关系，即明确暴露和健康效应之间的关系；三是暴露评价，包括人体接触的环境介质中污染物的浓度以及人体与其接触的行为方式和特征，即暴露参数；四是风险表征，即综合分析剂量-反应和暴露评价的结果，得出风险值。目前国内外的健康风险评价方法主要分为化学致癌物风险评价模型和化学非致癌物风险评价模型两大类。依据国际通用的暴露剂量估算模型（USEPA），将致癌风险暴露途径划分为口食、经皮肤和经土壤暴露等3种途径。

7.8.1 暴露剂量估算模型

口食、经皮肤和经土壤等暴露途径下，暴露剂量估算模型如下：

经口食摄入暴露途径：$ADD_v = \dfrac{CV \times CF \times IR \times FI \times EF \times ED}{BW \times AT}$

$$(7.12)$$

经皮肤摄入暴露途径：$ADD_{sk} = \dfrac{CS \times AF \times SA \times ABS \times EF \times ED \times CF}{BW \times AT}$

$$(7.13)$$

经土壤摄入暴露途径：$ADD_{sl} = \dfrac{CS \times IR' \times CF \times FI \times EF \times ED}{BW \times AT}$

$$(7.14)$$

式中 CV——蔬菜中污染物浓度，mg/kg；

　　　CS——土壤中化学物质浓度，mg/kg；

　　　IR——日摄入量，kg/d；

　　　CF——转换因子，10^{-6} mg/kg；

　　　FI——被摄入污染源的比例，范围为 0～1，按照风险不确定性原则，研究选取 FI 为1；

EF——暴露频率，d/a；

ED——暴露持续时间，a；

BW——人均体重（按成人和儿童分开计算），kg；

AT——平均接触时间，d；

AF——皮肤黏附因子，成人和儿童分别计算，mg/cm^2；

SA——皮肤接触面积，cm^2/d；

ABS——皮肤对化学物质的吸收因子，取0.001；

IR'——摄取率，kg/d。

7.8.2 暴露剂量估算模型的风险表征

7.8.2.1 致癌风险的表征

关于致癌风险的评判标准，欧美等国家风险阈值存在量级差异，本书选取最严格的阈值标准1.0×10^{-6}作为判别标准。

$$R_{\text{cancer}} = \sum_k \left[1 - \exp(ADI_k \times CSF_k) \right] \approx \sum_k ADI_k \times CSF_k$$

(7.15)

式中 ADI_k——经由暴露途径k的每日平均暴露量，mg/(kg·d)；

CSF_k——暴露途径k的致癌斜率因子，(kg·d)/mg。

7.8.2.2 非致癌风险的表征

对于非致癌效应表征采用参考剂量（Reference Dose，RfD），参考剂量是估计人类族群每天的暴露剂量，此暴露剂量在人类族群一生之中可能不会造成可察觉到有害健康的风险，其计算公示如下：

$$HI_i = HQ_v + HQ_{sk} + HQ_{sl} = \left[\frac{ADD_v}{RfD_v} \right] + \left[\frac{ADD_{sk}}{RfD_{sk}} \right] + \left[\frac{ADD_{sl}}{RfD_{sl}} \right]$$

(7.16)

式中 HI_i——第i种污染物的非致癌污染指数；

HQ_v——经口食摄入暴露途径的非致癌风险商数；

HQ_{sk}——经皮肤接触摄入暴露途径的非致癌风险商数；

HQ_{sl}——土壤摄入暴露途径的非致癌风险商数；

ADD——某一非致癌物在某种暴露途径下的暴露剂量；

RfD——某一非致癌物在某种暴露途径下的参考剂量。

当 HI 和 HQ 小于 1 时，认为风险较小或可以忽略，反之，当 HI 和 HQ 大于 1 时，则认为存在潜在风险。

7.8.3　参数选取

Cd、Cr、pH 值和 EC 值等 4 种典型风险因子不同暴露途径的参考剂量值、致癌强度系数值及暴露评估中选取的模型参数详见表 7.7 和表 7.8。参考 GB 15618—1995《土壤环境质量标准》，Cd 和 Cr 的二级标准值分别为 0.60mg/kg、250mg/kg。为了评价环境重金属富集程度，采用地累积指数法定量评估重金属污染程度，计算如下：

$$I_{geo} = \log_2 \left[\frac{c_i}{kB_i} \right] \tag{7.17}$$

式中　c_i——风险因子 i 的实测含量，mg/kg；

　　　B_i——风险因子 i 的地球化学背景值，mg/kg；

　　　k——修正成岩作用引起的背景值波动而设定的系数，一般取值 1.5。

地累积指数与重金属污染程度分级详见表 7.9。

表 7.7　　　　　　　　风险因子的参考剂量和致癌强度参数

单位：mg/(kg·d)

风险因子	口食摄入剂量	皮肤摄入剂量	致癌强度系数	参 考 来 源
Cd	1.0×10^{-3}	1.30×10^{-4}	6.1	《中国人群暴露参数手册》等文献
Cr	1.5×10^{-3}	1.95×10^{-4}	41	
pH 值	1.0×10^{-2}	5.00×10^{-3}	100	
EC 值	1.5×10^{-2}	8.00×10^{-3}	100	

表7.8 **暴 露 评 估 模 型 参 数**

参数	暴 露 参 数	参考值	参考来源
CV/(mg/kg)	食物中风险因子浓度	$CV_{Cd}=0.046$ $CV_{Cr}=0.082$ $CV_{pH}=9.0$ $CV_{EC}=1.5$	
CS/(mg/kg)	土壤中风险因子浓度	$CS_{Cd}=0.522$ $CV_{Cr}=50.20$ $CV_{pH}=8.62$ $CV_{EC}=1.54$	实测
IR/(kg/d)	食物摄入率	$IR_{adult}=0.2762$ $IR_{child}=0.2210$	
EF/(d/a)	暴露频率	200	
ED/a	暴露持续时间	$ED_{adult}=7.4$，$ED_{child}=6$	
BW/kg	人均体重	$BW_{adult}=60.6$，$BW_{child}=18.0$	
AT/d	平均接触时间	致癌计算：$AT_{adult}=74\times365$， $AT_{child}=6\times365$ 非致癌计算：$EF\times ED$	
SA/(cm²/d)	皮肤接触面积	$SA_{adult}=57$，$SA_{child}=2800$	
AF/(mg/cm²)	皮肤黏附因子	$AF_{adult}=0.07$，$AF_{child}=0.2$	
CF	转换因子	10^{-6}	
ABS	皮肤对化学物质的吸收因子	0.001	
IR'/(mg/d)	摄取率	$IR'_{adult}=100$，$IR'_{child}=200$	
FI	被摄入污染源的比例	1	取最大值

表7.9 **地累积指数与重金属污染程度分级**

I_{geo}	≤0	0~1	1~2	2~3	3~4	4~5	>5
级数	0	1	2	3	4	5	6
污染程度	清洁	轻度污染	偏中污染	中度污染	偏重污染	重度污染	严重污染

7.8.4 风险评估

7.8.4.1 不同输入途径环境风险因子暴露量估算

根据暴露输入途径（口食、皮肤和土壤摄入）计算公式、式（7.12）～式（7.14）和表7.8，结合设施土壤重金属、pH值和EC值等土壤中风险因子浓度水平，得到不同途径的土壤限制性指标暴露量估算值（表7.10）。

表7.10　　　不同途径的土壤限制性指标暴露量估算值

单位：mg/(kg·d)

项　　目		对象	土壤限制性指标			
			Cd	Cr	pH值	EC值
输入途径	经口食摄入	成人	2.098×10^{-11}	3.740×10^{-11}	2.281×10^{-9}	6.842×10^{-10}
		儿童	5.652×10^{-11}	1.008×10^{-10}	6.144×10^{-9}	1.843×10^{-9}
	经皮肤摄入	成人	1.289×10^{-9}	1.481×10^{-7}	2.128×10^{-8}	3.802×10^{-9}
		儿童	4.938×10^{-10}	5.676×10^{-8}	8.154×10^{-9}	1.457×10^{-9}
	经土壤摄入	成人	6.378×10^{-9}	7.331×10^{-7}	1.053×10^{-7}	1.882×10^{-8}
		儿童	4.295×10^{-8}	4.936×10^{-6}	7.092×10^{-7}	1.267×10^{-7}
地累积指数法		成人和儿童	0.799	-1.170	-0.384	0.038

由表7.10可以看出：3种途径土壤限制性指标非致癌日均暴露剂量大小顺序为：经土壤摄入 ADD_{sl}＞经皮肤摄入 ADD_{sk}＞经口食摄入 ADD_v；与成人相比，儿童易遭受限制性指标剂量暴露的人群。

7.8.4.2 设施土壤环境风险因子的健康风险评价

表7.11为国际原子能机构、国际辐射防护委员会、美国环保部、英国皇家协会等机构推荐的公众最大可接受和可忽略风险水平对应阈值。就当前社会发展水平，10^{-7} 为可忽略的风险水平。根据式（7.15）、式（7.16），计算设施土壤重金属的非致癌风险商数和致癌风险值，计算结果详见表7.12和表7.13。

表 7.11　机构推荐的公众最大可接受和可忽略风险水平对应阈值

机 构 名 称	最大可接受风险/a	可忽略风险/a	备　　注
国际原子能机构	1.0×10^{-6}	1.0×10^{-7}	10^{-3} 数量级对应风险特别高，不可接受；10^{-4}数量级对应风险中等，应采取必要措施；10^{-5} 数量级对应风险，公众关心；10^{-6} 数量级对应风险可接受；10^{-7} 数量级以下对应风险公众不关心
国际辐射防护委员会	5.0×10^{-5}	1.0×10^{-7}	
美国环保部	1.0×10^{-4}	1.0×10^{-7}	
英国皇家协会	1.0×10^{-6}	1.0×10^{-7}	
瑞典环保局	1.0×10^{-6}	1.0×10^{-7}	
荷兰环保部	1.0×10^{-6}	1.0×10^{-8}	

表 7.12　设施生境土壤限制性指标的非致癌风险商数

项目	对象	经口食摄入	经皮肤摄入	经土壤摄入	HI
HQ_{Cd}	成人	2.098×10^{-8}	9.914×10^{-6}	6.378×10^{-6}	1.630×10^{-5}
	儿童	5.652×10^{-8}	3.798×10^{-6}	4.295×10^{-5}	4.680×10^{-5}
HQ_{Cr}	成人	2.494×10^{-8}	7.597×10^{-4}	4.888×10^{-4}	1.248×10^{-3}
	儿童	6.717×10^{-8}	2.911×10^{-4}	3.291×10^{-3}	3.582×10^{-3}
HQ_{pH}	成人	2.281×10^{-7}	4.257×10^{-6}	1.053×10^{-5}	1.502×10^{-5}
	儿童	6.144×10^{-7}	1.631×10^{-6}	7.092×10^{-5}	7.317×10^{-5}
HQ_{EC}	成人	4.561×10^{-8}	4.753×10^{-7}	2.352×10^{-6}	2.873×10^{-6}
	儿童	1.229×10^{-7}	1.821×10^{-7}	1.584×10^{-5}	1.614×10^{-5}

表 7.13　设施生境土壤限制性指标的致癌风险值

项目	对象	HQ_v	HQ_{sk}	HQ_{sl}	$\sum R$
R_{Cd}	成人	3.440×10^{-12}	2.113×10^{-10}	1.046×10^{-9}	1.260×10^{-9}
	儿童	9.266×10^{-12}	8.095×10^{-11}	7.041×10^{-9}	7.131×10^{-9}
R_{Cr}	成人	9.123×10^{-13}	3.613×10^{-9}	1.788×10^{-8}	2.150×10^{-8}
	儿童	2.458×10^{-12}	1.384×10^{-9}	1.204×10^{-7}	1.218×10^{-7}
R_{pH}	成人	2.281×10^{-11}	2.128×10^{-10}	1.053×10^{-9}	1.289×10^{-9}
	儿童	6.144×10^{-11}	8.154×10^{-11}	7.092×10^{-9}	7.235×10^{-9}
R_{EC}	成人	6.842×10^{-12}	3.802×10^{-11}	1.882×10^{-10}	2.330×10^{-10}
	儿童	1.843×10^{-11}	1.457×10^{-11}	1.267×10^{-9}	1.300×10^{-9}

综上，典型设施生境土壤限制性指标的致癌风险途径主要为经土壤摄入途径和皮肤接触途径；成人限制性指标 Cd、Cr、pH 值和 EC 值总非致癌风险商数为 1.630×10^{-5}、1.248×10^{-3}、1.502×10^{-5}、2.873×10^{-6}，儿童限制性指标 Cd、Cr、pH 值和 EC 值总非致癌风险商数为 4.680×10^{-5}、3.582×10^{-3}、7.317×10^{-5}、1.614×10^{-5}，限制性指标总非致癌风险商数均小于 1，依次为 $HQ_{Cr} > HQ_{pH} > HQ_{Cd} > HQ_{EC}$，对人体基本不会造成非致癌健康危害，但儿童作为敏感群体，其非致癌风险商数接近于 1；成人限制性指标 Cd、Cr、pH 值和 EC 值总致癌风险分别为 1.260×10^{-9}、2.150×10^{-8}、1.289×10^{-9}、2.330×10^{-10}，儿童限制性指标 Cd、Cr、pH 值和 EC 值总致癌风险分别为 7.131×10^{-9}、1.218×10^{-7}、7.235×10^{-9}、1.300×10^{-9}。

7.9 本 章 小 结

通过 2013—2015 年田间再生水灌溉对设施生境监测试验，主要研究结论如下：

（1）番茄全生育期内（4—7 月），根际和非根际土壤平均温度随月份逐渐增加，根际土壤温度与非根际土壤温度具有显著正相关关系（$R^2 = 0.999$）；所有处理根际温度均高于非根际土壤温度，ReN1、ReN2、ReN3、ReN4 和 CK 处理番茄全生育期根际土壤平均温度分别较非根际土壤温度高 0.13℃、0.29℃、0.12℃、0.11℃、0.04℃；尤其是再生水灌溉处理番茄全生育期根际、非根际土壤平均温度分别较 CK 处理提高了 5.07%、4.53%。土壤温度日变化表现出明显的滞后效应，土壤温度 11：00 最低，到 21：00 达到最高，之后又逐渐降低。

·（2）土壤 pH 值是反映土壤缓冲性能的重要指标之一，土壤酸碱性不仅直接影响作物的生长，而且与土壤中元素的转化和释放以及微量元素的有效性等都有密切关系。再生水灌溉 3 年后，0～30cm 土层土壤 pH 值较背景值降低了 0.057 个单位，但 30～60cm

土层土壤 pH 值较背景值增加了 0.051；与 CK 处理相比，ReN1 处理表层土壤 pH 值下降更为明显，其中 2015 年番茄收获后 ReN1 处理 0～10cm、10～20cm 土层土壤 pH 值降低单位为 CK 处理的 2.17 倍、1.45 倍。运用多元回归分析方法，构建了土壤 pH 值与灌溉年数、灌溉水质的耦合模型，不同土层土壤描述三者关系的耦合模型相关系数均大于 0.84，模拟结果表明，随再生水灌溉年数增加，0～60cm 土层土壤 pH 值呈先增加后降低趋势，再生水灌溉可以提高土壤缓冲性能。

（3）与 0～60cm 土层土壤 EC 背景值相比，灌溉 3 年后，0～10cm、10～20cm 土层土壤 EC 值显著降低，但 20～30cm、30～40cm、40～60cm 土层土壤积盐明显（$p < 0.05$）；与 CK 处理相比，ReN1、ReN2、ReN3、ReN4 处理，0～60cm 土层土壤 EC 值分别较 CK 处理增加了 21.49%、13.28%、17.55%、26.67%，0～60cm 耕层土壤"积盐"可能会抑制番茄植株生长，特别是在番茄苗期造成植株生理缺水凋萎。构建的不同土层土壤 EC 值与灌溉年数、灌溉水质耦合模型的相关系数均大于 0.90（10～20cm、20～30cm 土层除外）。模拟结果表明，随再生水灌溉年数增加，30cm 以下土层土壤 EC 值增加明显。

（4）所有处理 0～60cm 土层土壤 OM 含量随土层深度增加逐渐减小；再生水灌溉提高了 0～60cm 土层土壤 OM 含量，与 CK 处理相比，灌溉 3 年后，ReN1、ReN2、ReN3、ReN4 处理 0～60cm 土层土壤平均 OM 含量分别增加了 0.62%、0.89%、0.61%、0.39%；0～60cm 土层土壤 OM 含量与灌溉周期回归分析表明，0～60cm 土层土壤 OM 含量与灌溉周期呈显著正相关（$R^2 > 0.93$）。上述结果表明，再生水灌溉提高了根层土壤缓冲性能和土壤质量。

（5）灌溉 3 年后，ReN1、ReN2、ReN3、ReN4、CK 处理，0～60cm 土层土壤镉含量分别较背景值增加了 −7.29%、−1.45%、1.60%、2.30%、1.03%，而 0～60cm 土层土壤铬含量分别较背景值增加了 −2.01%、−1.07%、0.03%、0.06%、

0.03%；表明再生水灌溉一定程度上提高土壤重金属镉、铬活性，增加土壤重金属向植株体的迁移累积。构建的不同土层土壤镉、铬与灌溉年数、灌溉水质耦合模型的相关系数均大于 0.80（40～60cm 土层除外）。模拟结果表明，再生水灌溉处理、30cm 以上土层土壤重金属镉含量随灌溉年数增加降幅明显，40cm 以下土层土壤重金属镉含量有小幅增加趋势，预测土壤重金属镉、铬含量达到土壤环境质量标准二级限值（0.30mg/kg、200mg/kg）分别需要 38 年和 1256 年，而清水灌溉则分别需要 36 年和 1253 年；构建的不同土层土壤镉、铬与灌溉年数、氮肥追施量耦合模型的相关系数均大于 0.70（40～60cm 土层除外）。模拟结果表明，再生水灌溉处理，20cm 以上土层土壤重金属镉含量随灌溉年数、氮肥追施量增加有降低趋势，特别是氮肥追施量越高，表层土壤重金属镉含量随灌溉年数增加降幅尤为明显。

（6）采用暴露剂量估算模型评估再生水灌溉土壤生境健康风险，表明 Cd、Cr、pH 值和 EC 值等 4 种设施生境土壤限制性指标的致癌风险途径主要为经土壤摄入途径和皮肤接触途径；4 种限制性指标总非致癌风险商数均小于 1，依次为 $HQ_{Cr} > HQ_{pH} > HQ_{Cd} > HQ_{EC}$，但儿童作为敏感群体，其非致癌风险商数 HI 达到 3.718×10^{-3}，为成人的 2.90 倍；4 种限制性指标总致癌风险 R 对儿童和成人分别达到 1.375×10^{-7}、2.428×10^{-8}，儿童作为敏感群体其总致癌风险为成人总致癌风险的 5.66 倍。

参 考 文 献

[1] 康绍忠. 水安全与粮食安全 [J]. 中国生态农业学报, 2014 (8): 880 - 885.

[2] UNEP, GECF. Water and wastewater reuse: an environmentally sound approach for sustainable urban water management [R]. USA: United Nations, 2006.

[3] Yi L, Jiao W, Chen X, et al. An overview of reclaimed water reuse in China [J]. Journal of Environmental Sciences, 2011, 23 (10): 1585 - 1593.

[4] 陈卫平. 美国加州再生水利用经验剖析及对我国的启示 [J]. 环境工程学报, 2011 (5): 961 - 966.

[5] Elgallal M, Fletcher L, Evans B. Assessment of potential risks associated with chemicals in wastewater used for irrigation in arid and semiarid zones: A review [J]. Agricultural Water Management, 2016, 177: 419 - 431.

[6] Kalavrouziotis Ioannis K, Kokkinos Petros, Oron Gideon, et al. Current status in wastewater treatment, reuse and research in some mediterranean countries [J]. Desalination and Water Treatment, 2013, 53 (8): 2015 - 2030.

[7] Low Kathleen G, Grant Stanley B, Hamilton Andrew J, et al. Fighting drought with innovation: Melbourne's response to the Millennium Drought in Southeast Australia [J]. Wiley Interdisciplinary Reviews: Water, 2015, 2 (4): 315 - 328.

[8] 潘兴瑶, 吴文勇, 杨胜利, 等. 北京市再生水灌区规划研究 [J]. 灌溉排水学报, 2012, 31 (4): 115 - 119.

[9] 张真和, 马兆红. 我国设施蔬菜产业概况与"十三五"发展重点——中国蔬菜协会副会长张真和访谈录 [J]. 中国蔬菜, 2017 (5): 1 - 5.

[10] 沈菊培, 贺纪正. 微生物介导的碳氮循环过程对全球气候变化的响应 [J]. 生态学报, 2011, 31 (11): 2957 - 2967.

[11] 宋长青, 吴金水, 陆雅海, 等. 中国土壤微生物学研究 10 年回顾

[J]. 地球科学进展，2013，28（10）：1087 - 1105.

[12] Aragon R，Sardans J，Penuelas J. Soil enzymes associated with carbon and nitrogen cycling in invaded and native secondary forests of northwestern Argentina [J]. Plant and Soil，2014，384（1 - 2）：169 -183.

[13] Gan Y，Liang C，Chai Q，et al. Improving farming practices reduces the carbon footprint of spring wheat production [J]. Nature Communications，2014，5：1 - 13.

[14] Shi Y，Cui S，Ju X，et al. Impacts of reactive nitrogen on climate change in China [J]. Scientific Reports，2015，5：1 - 9.

[15] Liu X，Zhang Y，Han W，et al. Enhanced nitrogen deposition over China. [J]. Nature，2013，494（7438）：459 - 462.

[16] Guo J H，Liu X J，Zhang Y，et al. Significant Acidification in Major Chinese Croplands [J]. Science，2010，327（5968）：1008 - 1010.

[17] 喻景权，周杰."十二五"我国设施蔬菜生产和科技进展及其展望 [J]. 中国蔬菜，2016（9）：18 - 30.

[18] 王敬国，林杉，李保国. 氮循环与中国农业氮管理 [J]. 中国农业科学，2016，49（3）：503 - 517.

[19] 李天来. 我国设施蔬菜科技与产业发展现状及趋势 [J]. 中国农村科技，2016（5）：75 - 77.

[20] 黄冠华，查贵锋，冯绍元，等. 冬小麦再生水灌溉时水分与氮素利用效率的研究 [J]. 农业工程学报，2004，20（1）：65 - 68.

[21] 黄占斌，苗战霞，侯利伟，等. 再生水灌溉时期和方式对作物生长及品质的影响 [J]. 农业环境科学学报，2007，26（6）：2257 - 2261.

[22] 刘洪禄，马福生，许翠平，等. 再生水灌溉对冬小麦和夏玉米产量及品质的影响 [J]. 农业工程学报，2010，26（3）：82 - 86.

[23] AlKhamisi Saif A，Prathapar S A，Ahmed M. Conjunctive use of reclaimed water and groundwater in crop rotations [J]. Agricultural Water Management，2013，116（2）：228 - 234.

[24] Alkhamisi Saif A，Ahmed M，Al - Wardy M，et al. Effect of reclaimed water irrigation on yield attributes and chemical composition of wheat (Triticum aestivum)，cowpea（Vigna sinensis），and maize（Zea mays）in rotation [J]. Irrigation Science，2016，35：1 - 12.

[25] Bielorai H，Feigin A，Waisman Y. Drip irrigation of cotton with municipal effluents：Ⅱ. nutrient availability in soil [J]. Journal of Environmental Quality，1984，13（2）：234 - 238.

[26] 吴文勇，许翠平，刘洪禄，等. 再生水灌溉对果菜类蔬菜产量及品质的影响 [J]. 农业工程学报，2010，26 (1)：36-40.

[27] 徐应明，魏益华，孙扬，等. 再生水灌溉对小白菜生长发育与品质的影响研究 [J]. 灌溉排水学报，2008，27 (2)：1-4.

[28] 胡超，李平，樊向阳，等. 减量追氮对再生水灌溉设施番茄产量及品质的影响 [J]. 灌溉排水学报，2013，32 (5)：106-108.

[29] 李平，胡超，樊向阳，等. 减量追氮对再生水灌溉设施番茄根层土壤氮素利用的影响 [J]. 植物营养与肥料学报，2013，19 (4)：972-979.

[30] Lu Shibao, Zhang Xiaoling, Liang Pei. Influence of drip irrigation by reclaimed water on the dynamic change of the nitrogen element in soil and tomato yield and quality [J]. Journal of Cleaner Production, 2016, 139：561-566.

[31] Pollice A, Lopez A, Laera G, et al. Tertiary filtered municipal wastewater as alternative water source in agriculture：a field investigation in Southern Italy [J]. Science of the Total Environment, 2004, 324 (1 - 3)：201-210.

[32] 吴卫熊，何令祖，邵金华，等. 清水、再生水灌溉对甘蔗产量及品质影响的分析 [J]. 节水灌溉，2016 (9)：74-78.

[33] 李阳，王文全，吐尔逊·吐尔洪. 再生水灌溉对葡萄叶片抗氧化酶和土壤酶的影响 [J]. 植物生理学报，2015，51 (3)：295-301.

[34] 李晓娜，武菊英，孙文元，等. 再生水灌溉对苜蓿、白三叶生长及品质的影响 [J]. 草地学报，2011，19 (3)：463-467.

[35] 李波，任树梅，张旭，等. 再生水灌溉对番茄品质、重金属含量以及土壤的影响研究 [J]. 水土保持学报，2007，21 (2)：163-165.

[36] 薛彦东，杨培岭，任树梅，等. 再生水灌溉对黄瓜和西红柿养分元素分布特征及果实品质的影响 [J]. 应用生态学报，2011，22 (2)：395-401.

[37] 张文莉，李阳，王文全. 再生水灌溉对土壤和葡萄品质的影响 [J]. 农业资源与环境学报，2016，33 (2)：149-156.

[38] 徐秀凤，刘青勇，王爱芹，等. 再生水灌溉对冬小麦产量和品质的影响 [J]. 灌溉排水学报，2011，30 (1)：97-99.

[39] 马敏，黄占斌，焦志华，等. 再生水灌溉对玉米和大豆品质影响的试验研究 [J]. 农业工程学报，2007，23 (5)：47-50.

[40] 徐应明，周其文，孙国红，等. 再生水灌溉对甘蓝品质和重金属累积特性影响研究 [J]. 灌溉排水学报，2009，28 (2)：13-16.

[41] 许翠平，吴文勇，刘洪禄，等．再生水灌溉对叶菜类蔬菜产量及品质影响的试验研究 [J]．灌溉排水学报，2010，29（5）：23-26.

[42] 李晓娜，武菊英，孙文元，等．再生水灌溉对饲用小黑麦品质的影响 [J]．麦类作物学报，2012，32（3）：460-464.

[43] Calderón-Preciado D, Matamoros V, Save R, et al. Uptake of microcontaminants by crops irrigated with reclaimed water and groundwater under real field greenhouse conditions [J]. Environmental Science & Pollution Research, 2013, 20（6）：3629-3638.

[44] Miguel A De, Martínezhernández V, Leal M, et al. Short-term effects of reclaimed water irrigation：Jatropha curcas L. cultivation. [J]. Ecological Engineering, 2013, 50（50）：44-51.

[45] 李平．不同潜水埋深污水灌溉氮素运移试验研究 [D]．北京：中国农业科学院，2007.

[46] 李平．再生水灌溉对设施土壤氮素转化及生境影响研究 [D]．西安：西安理工大学，2018.

[47] Erisman J W, Sutton M A, Galloway J, et al. How a century of ammonia synthesis changed the world [J]. Nature Geoscience, 2008, 1（10）：636-639.

[48] 张卫峰，马林，黄高强，等．中国氮肥发展、贡献和挑战 [J]．中国农业科学，2013，46（15）：3161-3171.

[49] 张夫道．氮素营养研究中几个热点问题 [J]．植物营养与肥料学报，1998，4（4）：331-338.

[50] 朱兆良，文启孝．中国土壤氮素 [M]．南京：江苏科学技术出版社，1992.

[51] 吕殿青，杨进荣，马林英．灌溉对土壤硝态氮淋吸效应影响的研究 [J]．植物营养与肥料学报，1999，5（4）：307-315.

[52] 串丽敏，赵同科，安志装，等．土壤硝态氮淋溶及氮素利用研究进展 [J]．中国农学通报，2010，26（11）：200-205.

[53] 聂斌，李文刚，江丽华，等．不同灌溉方式对设施番茄土壤剖面硝态氮分布及灌溉水分效率的影响 [J]．水土保持研究，2012，19（3）：102-107.

[54] 王春辉，祝鹏飞，束良佐，等．分根区交替灌溉和氮形态影响土壤硝态氮的迁移利用 [J]．农业工程学报，2014，30（11）：92-101.

[55] Shahnazari A, Liu F, Andersen M N, et al. Effects of partial root-zone drying on yield, tuber size and water use efficiency in potato

under field conditions [J]. Field Crops Research，2007，100（1）：117-124.

[56] 姜翠玲，夏自强. 污水灌溉土壤及地下水三氮的变化动态分析 [J]. 水科学进展，1997，8（2）：183-188.

[57] 刘凌，夏自强，姜翠玲，等. 污水灌溉中氮化合物迁移转化过程的研究 [J]. 水资源保护，1995（4）：40-45.

[58] Barakat M，Cheviron B，Angulo-Jaramillo R. Influence of the irrigation technique and strategies on the nitrogen cycle and budget：A review [J]. Agricultural Water Management，2016，178：225-238.

[59] 曹巧红，龚元石. 应用 Hydrus-1D 模型模拟分析冬小麦农田水分氮素运移特征 [J]. 植物营养与肥料学报，2003，9（2）：139-145.

[60] Akponikpe P B. Irenikatche，Wima Koffi，Yacouba Hamma，et al. Reuse of domestic wastewater treated in macrophyte ponds to irrigate tomato and eggplant in semi-arid West-Africa：Benefits and risks [J]. Agricultural Water Management，2011，98（5）：834-840.

[61] 陈卫平，张炜铃，潘能，等. 再生水灌溉利用的生态风险研究进展 [J]. 环境科学，2012，33（12）：4070-4080.

[62] 黄东迈，朱培立. 土壤氮激发效应的探讨 [J]. 中国农业科学，1994，27（4）：45-52.

[63] 吕殿青，张树兰，杨学云. 外加碳、氮对黄绵土有机质矿化与激发效应的影响 [J]. 植物营养与肥料学报，2007，13（3）：423-429.

[64] 李紫燕，李世清，李生秀. 铵态氮肥对黄土高原典型土壤氮素激发效应的影响 [J]. 植物营养与肥料学报，2008，14（5）：866-873.

[65] Huo C，Luo Y，Cheng W. Rhizosphere priming effect：A meta-analysis [J]. Soil Biology and Biochemistry，2017，111：78-84.

[66] Liu Xiaojun Allen，van Groenigen Kees Jan，Dijkstra P，et al. Increased plant uptake of native soil nitrogen following fertilizer addition-not a priming effect? [J]. Applied Soil Econology，2017，114：105-110.

[67] Nie M，Pendall E. Do rhizosphere priming effects enhance plant nitrogen uptake under elevated CO_2? [J]. Agriculture Ecosystems and Environment，2016，224：50-55.

[68] Luxh I J，Elsgaard L，Thomsen I. K，et al. Effects of longterm annual inputs of straw and organic manure on plant N uptake and soil N fluxes [J]. Soil Use & Management，2010，23（4）：368-373.

[69] Sorensen P. Immobilisation，remineralisation and residual effects in

subsequent crops of dairy cattle slurry nitrogen compared to mineral fertiliser nitrogen [J]. Plant & Soil, 2004, 267 (1/2): 285 - 296.

[70] Burger Martin, Jackson Louise E. Microbial immobilization of ammonium and nitrate in relation to ammonification and nitrification rates in organic and conventional cropping systems [J]. Soil Biology & Biochemistry, 2003, 35 (1): 29 - 36.

[71] Schimel Joshua P, Jackson Louise E, Firestone Mary K. Spatial and temporal effects on plant - microbial competition for inorganic nitrogen in a california annual grassland [J]. Soil Biology & Biochemistry, 1989, 21 (8): 1059 - 1066.

[72] 王敬, 程谊, 蔡祖聪, 等. 长期施肥对农田土壤氮素关键转化过程的影响 [J]. 土壤学报, 2016, 53 (2): 292 - 304.

[73] 韩晓日, 邹德乙, 郭鹏程, 等. 长期施肥条件下土壤生物量氮的动态及其调控氮素营养的作用 [J]. 植物营养与肥料学报, 1996, 2 (1): 16 - 22.

[74] Xue J M, Sands R, Clinton P W. Carbon and net nitrogen mineralisation in two forest soils amended with different concentrations of biuret [J]. Soil Biology & Biochemistry, 2003, 35 (6): 855 - 866.

[75] Gheysari M, Mirlatifi S M, Homaee M, et al. Nitrate leaching in a silage maize field under different irrigation and nitrogen fertilizer rates. [J]. Agricultural Water Management, 2009, 96 (6): 946 - 954.

[76] 李保国, 胡克林, 黄元仿, 等. 土壤溶质运移模型的研究及应用 [J]. 土壤, 2005, 37 (4): 345 - 352.

[77] Li C S, Frolking S, Frolking T A. A model of nitrous oxide evolution from soil driven by rainfall events. I - Model structure and sensitivity. II - Model applications [J]. Journal of Geophysical Research Atmospheres, 1992, 97 (D9): 9777 - 9783.

[78] Pang X P, Letey J. Development and Evaluation of ENVIRO - GRO, an Integrated Water, Salinity, and Nitrogen Model [J]. Soil Science Society of America Journal, 1998, 62 (5): 1418 - 1427.

[79] 冯绍元, 张瑜芳, 沈荣开. 非饱和土壤中氮素运移与转化试验及其数值模拟 [J]. 水利学报, 1996, 6 (8): 8 - 15.

[80] 黄元仿, 李韵珠, 陆锦文. 田间条件下土壤运移的模拟模型 I 和 II [J]. 水利学报, 1996, 6 (6): 9 - 14.

[81] 马军花, 任理, 龚元石, 等. 冬小麦生长条件下土壤氮素运移动态的数值模拟 [J]. 水利学报, 2004 (3): 103 - 110.

[82] 刘培斌，张瑜芳. 稻田中氮素流失的田间试验与数值模拟研究 [J].
农业环境保护，1999，18（6）：241-245.

[83] 王丽影，杨金忠，伍靖伟，等. 再生水灌溉条件下氮磷运移转化实验
与数值模拟 [J]. 地球科学（中国地质大学学报），2008，33（2）：
266-272.

[84] 陆垂裕，杨金忠，Jayawardane N，等. 污水灌溉系统中氮素转化运移
的数值模拟分析 [J]. 水利学报，2004（5）：83-88.

[85] 王激清，马文奇，江荣风，等. 中国农田生态系统氮素平衡模型的建
立及其应用 [J]. 农业工程学报，2007，23（8）：210-215.

[86] 王志敏，林青，王松禄，等. 田块尺度上土壤/地下水中硝态氮动态变
化特征及模拟 [J]. 土壤，2015，47（3）：496-502.

[87] Li R H, Li X B, Li G Q, et al. Simulation of soil nitrogen storage of
the typical steppe with the DNDC model：A case study in Inner Mon-
golia, China [J]. Ecological Indicators, 2014, 41：155-164.

[88] Goll D S, Brovkin V, Parida B R, et al. Nutrient limitation reduces
land carbon uptake in simulations with a model of combined carbon,
nitrogen and phosphorus cycling [J]. Biogeosciences, 2012, 9（3）：
3547-3569.

[89] 梁浩，胡克林，李保国，等. 土壤-作物-大气系统水热碳氮过程耦合
模型构建 [J]. 农业工程学报，2014，30（24）：54-66.

[90] 唐国勇，黄道友，童成立，等. 土壤氮素循环模型及其模拟研究进展
[J]. 应用生态学报，2005，16（11）：204-208.

[91] Franko U, Gel B O, Schenk S. Simulation of temperature, water and
nitrogen dynamics using the model CANDY [J]. Ecological
Modelling, 1995, 81：213-322.

[92] Parton W J, Mosier A R, Ojima D S, et al. Generalized model for N_2 and
N_2O production from nitrification and denitrification [J]. Global Biogeo-
chemical Cycles, 1996, 10（3）：401-412.

[93] Daniel Hillel. Modeling plant and soil systems [J]. Soil Science, 1992,
154（6）：511-512.

[94] 李长生. 生物地球化学的概念与方法——DNDC 模型的发展 [J]. 第
四纪研究，2001，21（2）：89-99.

[95] Youssef M A, Skaggs R W, Chescheir G M, et al. The nitrogen simulation
model, DRAINMOD-N Ⅱ [J]. Transactions of the American Society of
Agricultural Engineers, 2005, 48（2）：611-626.

［96］ Leonard R A，Knisel W G，Still D A. GLEAMS：Groundwater loading effects of agricultural management systems. ［J］. Transactions of the ASAE，American Society of Agricultural Engineers，1987，30（5）：1403 – 1418.

［97］ Molina J A E，Clapp C E，Shaffer M J，et al. NCSOIL，A Model of Nitrogen and Carbon Transformations in Soil：Description，Calibration，and Behavior1 ［J］. Soil Science Society of America Journal，1983，47（1）：85 – 91.

［98］ 丁妍. 应用 DSSAT 模型评价土壤硝态氮淋洗风险——以北京大兴区为例 ［D］. 北京：中国农业大学，2007.

［99］ Delgado J A. Sequential NLEAP simulations to examine effect of early and late planted winter cover crops on nitrogen dynamics ［J］. Journal of Soil and Water Conservation，1998，53（3）：241 – 244.

［100］ Shaffer M J，Pierce F J. A user's guide to NTRM，a soil – crop simulation model for nitrogen，tillage，and crop – residue management ［J］. Conservation Research Report，1987，34（1）：103.

［101］ Hanson J D，Ahuja L R，Shaffer M D，et al. RZWQM：Simulating the effects of management on water quality and crop production ［J］. Agricultural Systems，1998，57（2）：161 – 195.

［102］ Johnsson H，Bergstrom L，Jansson P E，et al. Simulated nitrogen dynamics and losses in a layered agricultural soil ［J］. Agriculture，Ecosystems & Environment，1987，18：333 – 356.

［103］ Bradbury N J，Whitmore A P，Pbs Hart，et al. Modelling the fate of nitrogen in crop and soil in the years following application of 15N – labelled fertilizer to winter wheat ［J］. Journal of Agricultural Science，1993，121（3）：363 – 379.

［104］ 张志斌. 我国设施蔬菜存在的问题及发展重点 ［J］. 中国蔬菜，2008（5）：1 – 3.

［105］ Li Yanmei，Sun Yanxin，Liao Shangqiang，et al. Effects of two slow – release nitrogen fertilizers and irrigation on yield，quality，and water – fertilizer productivity of greenhouse tomato ［J］. Agricultural Water Management，2017，186：139 – 146.

［106］ Souza R S，Rezende R，Hachmann T L，et al. Lettuce production in a greenhouse under fertigation with nitrogen and potassium silicate ［J］. Acta Scientiarum – Agronomy，2017，39（2）：211 – 216.

[107] 史春余，张夫道，张俊清，等．长期施肥条件下设施蔬菜地土壤养分变化研究 [J]．植物营养与肥料学报，2003，9 (4)：437 – 441.

[108] Trost Benjamin，Prochnow Annette，Meyer – Aurich Andreas，et al. Effects of irrigation and nitrogen fertilization on the greenhouse gas emissions of a cropping system on a sandy soil in northeast Germany [J]. European Journal of Agronomy，2016，81：117 – 128.

[109] He Feifei，Chen Qing，Jiang Rongfeng，et al. Yield and Nitrogen Balance of Greenhouse Tomato（Lycopersicum esculentum Mill.）with Conventional and Site – specific Nitrogen Management in Northern China [J]. Nutrient Cycling in Agroecosystems，2007，77 (1)：1 – 14.

[110] Zhao Weiming，Xing Guangxi，Zhao Liang. Nitrogen balance and loss in a greenhouse vegetable system in southeastern China [J]. Pedosphere，2011，21 (4)：464 – 472.

[111] 张学军，赵营，陈晓群，等．氮肥施用量对设施番茄氮素利用及土壤 $NO_3 – N$ 累积的影响 [J]．生态学报，2007，27 (9)：3761 – 3768.

[112] 袁丽金，巨晓棠，张丽娟，等．设施蔬菜土壤剖面氮磷钾积累及对地下水的影响 [J]．中国生态农业学报，2010，18 (1)：14 – 19.

[113] 沈灵凤，白玲玉，曾希柏，等．施肥对设施菜地土壤硝态氮累积及 pH 的影响 [J]．农业环境科学学报，2012，31 (7)：1350 – 1356.

[114] 李粉茹，于群英，邹长明．设施菜地土壤 pH 值、酶活性和氮磷养分含量的变化 [J]．农业工程学报，2009，25 (1)：217 – 222.

[115] 高兵，李俊良，陈清，等．设施栽培条件下番茄适宜的氮素管理和灌溉模式 [J]．中国农业科学，2009，42 (6)：2034 – 2042.

[116] 黄绍文，王玉军，金继运，等．我国主要菜区土壤盐分、酸碱性和肥力状况 [J]．植物营养与肥料学报，2011，17 (4)：906 – 918.

[117] 刘兆辉，江丽华，张文君，等．山东省设施蔬菜施肥量演变及土壤养分变化规律 [J]．土壤学报，2008，45 (2)：296 – 303.

[118] 连青龙，张跃峰，丁小明，等．我国北方设施蔬菜质量安全现状与问题分析 [J]．中国蔬菜，2016 (7)：15 – 21.

[119] 徐国华．提高农作物养分利用效率的基础和应用研究 [J]．植物生理学报，2016，52 (12)：1761 – 1763.

[120] 贺纪正，张丽梅．土壤氮素转化的关键微生物过程及机制 [J]．微生物学通报，2013，40 (1)：98 – 108.

[121] Prosser J I. Autotrophic nitrification in bacteria [J]. Advances in Mi-

crobial Physiology，1989，30（1）：125－181.

［122］ Leininger S，Urich T，Schloter M，et al. Archaea predominate among ammonia － oxidizing prokaryotes in soils ［J］. Advances in Microbial Physiology，1990，30：125.

［123］ 沈菊培，张丽梅，贺纪正. 几种农田土壤中古菌、泉古菌和细菌的数量分布特征 ［J］. 应用生态学报，2011，22（11）：2996－3002.

［124］ Chen Z，Luo X，Hu R，et al. Impact of long － term fertilization on the composition of denitrifier communities based on nitrite reductase analyses in a paddy soil ［J］. Microbial Ecology，2010，60（4）：850－861.

［125］ Ju X，Lu X，Gao Z，et al. Processes and factors controlling N_2O production in an intensively managed low carbon calcareous soil under sub － humid monsoon conditions ［J］. Environmental Pollution，2011，159（4）：1007－1016.

［126］ Bao Qiongli，Ju Xiaotang，Gao Bing，et al. Response of nitrous oxide and corresponding bacteria to managements in an agricultural soil ［J］. Soil Science Society of America Journal，2012，76（1）：130.

［127］ Zhu G，Wang S，Wang Y，et al. Anaerobic ammonia oxidation in a fertilized paddy soil ［J］. The ISME Journal，2011，5（12）：1905－1912.

［128］ Chen W，Wu L，Jr Frankenberger Wt，et al. Soil enzyme activities of long － term reclaimed wastewater － irrigated soils ［J］. Journal of Environmental Quality，2008，37（5 Suppl）：S36.

［129］ 郭晓明，马腾，崔亚辉，等. 污灌时间对土壤肥力及土壤酶活性的影响 ［J］. 农业环境科学学报，2012，31（4）：750－756.

［130］ Zhang Ying，Hu Miao，Liang Haijing，et al. The effects of sugar beet rinse water irrigation on the soil enzyme activities ［J］. Toxicological & Environmental Chemistry Reviews，2016，98（3－4）：419－428.

［131］ Chen S，Yu W，Zhang Z，et al. Soil properties and enzyme activities as affected by biogas slurry irrigation in the Three Gorges Reservoir areas of China ［J］. Journal of Environmental Biology，2015，36（2）：513.

［132］ 郭魏，齐学斌，李中阳，等. 不同施氨水平下再生水灌溉对土壤微环境的影响 ［J］. 水土保持学报，2015，29（3）：311－315，319.

[133] 周媛，李平，郭魏，等．施氮和再生水灌溉对设施土壤酶活性的影响 [J]．水土保持学报，2016，30（4）：268－273.

[134] 潘能，侯振安，陈卫平，等．绿地再生水灌溉土壤微生物量碳及酶活性效应研究 [J]．环境科学，2012，33（12）：4081－4087.

[135] Chen W，Lu S，Pan N，et al．Impact of reclaimed water irrigation on soil health in urban green areas [J]．Chemosphere，2015，119（1）：654－661.

[136] Ndour N Y B，Baudoin E，Guissé A，et al．Impact of irrigation water quality on soil nitrifying and total bacterial communities [J]．Biology & Fertility of Soils，2008，44（5）：797－803.

[137] Kocyigit Rasim，Genc Mukayin．Impact of drip and furrow irrigations on some soil enzyme activities during tomato growing season in a semiarid ecosystem [J]．Fresenius Environmental Bulletin，2017，26（1A）：1047－1051.

[138] Acosta－Martínez V，Zobeck T M，Gill T E，et al．Enzyme activities and microbial community structure in semiarid agricultural soils [J]．Biology & Fertility of Soils，2003，38（4）：216－227.

[139] Barton L，Schipper L A，Smith C T，et al．Denitrification enzyme activity is limited by soil aeration in a wastewater－irrigated forest soil [J]．Biology & Fertility of Soils，2000，32（5）：385－389.

[140] 曹靖，贾红磊，徐海燕，等．干旱区污灌农田土壤 Cu、Ni 复合污染与土壤酶活性的关系 [J]．农业环境科学学报，2008，27（5）：1809－1814.

[141] 张彦，张惠文，苏振成，等．污水灌溉对土壤重金属含量、酶活性和微生物类群分布的影响 [J]．安全与环境学报，2006，6（6）：44－50.

[142] 侯海军，秦红灵，陈春兰，等．土壤氮循环微生物过程的分子生态学研究进展 [J]．农业现代化研究，2014，35（5）：588－594.

[143] Estiu G，Jr M K．The hydrolysis of urea and the proficiency of urease [J]．Journal of the American Chemical Society，2004，126（22）：6932－6944.

[144] 关松荫．土壤酶及其研究法 [M]．北京：中国农业出版社，1986.

[145] Carter M R，Rennie D A．Dynamics of soil microbial biomass N under zero and shallow tillage for spring wheat，using ^{15}N urea [J]．Plant & Soil，1984，76（1/3）：157－164.

[146] 周丽霞，丁明懋．土壤微生物学特性对土壤健康的指示作用［J］．生物多样性，2007，15（2）：162－171．

[147] 焦志华，黄占斌，李勇，等．再生水灌溉对土壤性能和土壤微生物的影响研究［J］．农业环境科学学报，2010，29（2）：319－323．

[148] 王齐，李宏伟，师春娟，等．短期中水灌溉对绿地土壤微生物数量的影响［J］．草业科学，2012，29（3）：346－351．

[149] 白保勋，沈植国．生活污水灌溉对土壤微生物区系的影响［J］．福建林业科技，2014，41（2）：42－46．

[150] Saha N, Tarafdar J. Quality of sewages as irrigation water and its effect on beneficial microbes around pea (Pisum sativum) rhizosphere in hill soil [J]. Journal of Hill Research, 1996, 9 (1): 69－72.

[151] Guo Wei, Mathias Andersen, Qi Xuebin, et al. Effects of reclaimed water irrigation and nitrogen fertilization on the chemical properties and microbial community of soil [J]. Journal of Integrative Agriculture, 2017, 16 (3): 679－690.

[152] 王金凤，康绍忠，张富仓，等．控制性根系分区交替灌溉对玉米根区土壤微生物及作物生长的影响［J］．中国农业科学，2006，39（10）：2056－2062．

[153] 陈宁，孙凯宁，王克安，等．不同灌溉方式对茄子栽培土壤微生物数量和土壤酶活性的影响［J］．土壤通报，2016，47（6）：1380－1385．

[154] 张明智，牛文全，李康勇，等．灌溉与深松对夏玉米根区土壤微生物数量的影响［J］．土壤通报，2015，46（6）：1407－1414．

[155] 叶德练，齐瑞娟，张明才，等．节水灌溉对冬小麦田土壤微生物特性、土壤酶活性和养分的调控研究［J］．华北农学报，2016，31（1）：224～231．

[156] Hueso S, García C, Hernández T. Severe drought conditions modify the microbial community structure, size and activity in amended and unamended soils [J]. Soil Biology & Biochemistry, 2012, 50 (50): 167－173.

[157] 刘振香，刘鹏，贾绪存，等．不同水肥处理对夏玉米田土壤微生物特性的影响［J］．应用生态学报，2015，26（1）：113－121．

[158] 张晶，张惠文，张勤，等．长期石油污水灌溉对东北旱田土壤微生物生物量及土壤酶活性的影响［J］．中国生态农业学报，2008，16（1）：67－70．

［159］ Adrover Maria，Farrus Edelweiss，Moya Gabriel，et al. Chemical properties and biological activity in soils of Mallorca following twenty years of treated wastewater irrigation ［J］. Journal of Environmental Management，2012，95S：188 - 192.

［160］ Marschner P，Yang C H，Lieberei R，et al. Soil and plant specific effects on bacterial community composition in the rhizosphere ［J］. Soil Biology & Biochemisty，2001，33 (11)：1437 - 1445.

［161］ Richardson Alan E，Barea Josémiguel，Mcneill Ann M，et al. Acquisition of phosphorus and nitrogen in the rhizosphere and plant growth promotion by microorganisms ［J］. Plant & Soil，2009，321 (1 - 2)：305 - 339.

［162］ Xiang Shurong，Doyle Allen，Holden Patricia A，et al. Drying and rewetting effects on C and N mineralization and microbial activity in surface and subsurface California grassland soils ［J］. Soil Biology & Biochemistry，2008，40 (9)：2281 - 2289.

［163］ Sardans J，Pe Uelas J，Estiarte M. Changes in soil enzymes related to C and N cycle and in soil C and N content under prolonged warming and drought in a Mediterranean shrubland ［J］. Applied Soil Ecology，2008，39 (2)：223 - 235.

［164］ 赵全勇，李冬杰，孙红星，等. 再生水灌溉对土壤质量影响研究综述 ［J］. 节水灌溉，2017 (1)：53 - 58.

［165］ Wang Z，Chang A C，Wu L，et al. Assessing the soil quality of long - term reclaimed wastewater - irrigated cropland ［J］. Geoderma，2003，114 (3)：261 - 278.

［166］ 王齐，刘英杰，周德全，等. 短期和长期中水灌溉对绿地土壤理化性质的影响 ［J］. 水土保持学报，2011 (5)：74 - 80.

［167］ Halliwell David J，Barlow Kirsten M，Nash David M. A review of the effects of wastewater sodium on soil physical properties and their implications for irrigation systems ［J］. Soil Research，2001，39 (39)：1259 - 1267.

［168］ 郑汐，王齐，孙吉雄. 中水灌溉对草坪绿地土壤理化性状及肥力的影响 ［J］. 草原与草坪，2011，31 (2)：61 - 64.

［169］ Mataix - Solera J，Garcia - Irles L，Morugan A，et al. Longevity of soil water repellency in a former wastewater disposal tree stand and potential amelioration ［J］. Geoderma，2011，165 (1)：78 - 83.

［170］ Barbera A C，Maucieri C，Cavallaro V，et al. Effects of spreading olive mill wastewater on soil properties and crops，a review ［J］. Agricultural Water Management，2013，119：43 - 53.

［171］ 张娟，王艳春. 再生水灌溉对植物根际土壤特性和微生物数量的影响 ［J］. 节水灌溉，2009（3）：5 - 8.

［172］ Xu J，Wu L S，Chang A C，et al. Impact of long - term reclaimed wastewater irrigation on agricultural soils：A preliminary assessment ［J］. Journal of Hazardous Materials，2010，183（1）：780 - 786.

［173］ Zhao Bingqiang，Li Xiuying，Li Xiaoping，et al. Long - term fertilizer experiment network in China：crop yields and soil nutrient trends ［J］. Agronomy Journal，2010，102（1）：216 - 230.

［174］ Pinto U，Maheshwari B L，Grewal H S. Effects of greywater irriga-tion on plant growth，water use and soil properties ［J］. Resources，Conservation and Recycling，2010，54（7）：429 - 435.

［175］ Nicolas E，Maestre - Valero J F，Pedrero F，et al. Long - Term effect of irrigation with saline reclaimed water on adult Mandarin trees ［J］. Acta Horticulturae，2017，1150：407 - 411.

［176］ Chen Weiping，Lu Sidan，Jiao Wentao，et al. Reclaimed water：a safe irrigation water source? ［J］. Environmental Development，2013，8：74 - 83.

［177］ Hulugalle N，Weaver T，Hicks A，et al. Irrigating cotton with trea-ted sewage ［J］. Australian Cottongrower，2003，24（3）：41 - 42.

［178］ Beltrao J，Costa M，Rosado V，et al. New techniques to control sa-linity - wastewater reuse interactions in golf courses of the Mediterra-nean regions ［J］. Journal of Advanced Nursing，2003，71（4）：718 - 734.

［179］ Shang Fangze，Ren Shumei，Yang Peiling，et al. Effects of different fertilizer and irrigation water types，and dissolved organic matter on soil C and N mineralization in crop rotation farmland ［J］. Water Air & Soil Pollution，2015，226（12）：396.

［180］ Chen Zhuo，Ngo Huu Hao，Guo Wenshan. A Critical Review on the End Uses of Recycled Water ［J］. Environmental Science & Technol-ogy，2013，43：1446 - 1516.

［181］ Segal E，Dag A，Bengal A，et al. Olive orchard irrigation with re-claimed wastewater：Agronomic and environmental considerations

［J］. Agriculture Ecosystems & Environment，2011，140（3 - 4）：454 - 461.

［182］ 郑顺安，陈春，郑向群，等. 再生水灌溉对土壤团聚体中有机碳、氮和磷的形态及分布的影响［J］. 中国环境科学，2012，32（11）：2053 - 2059.

［183］ Rattan R K，Datta S P，Chhonkar P K，et al. Long - term impact of irrigation with sewage effluents on heavy metal content in soils，crops and groundwater—a case study［J］. Agriculture Ecosystems & Environment，2005，109（3）：310 - 322.

［184］ Zhao Z M，Chen W P，Jiao W T，et al. Effect of reclaimed water irrigation on soil properties and vertical distribution of heavy metal［J］. Environmental Science，2012，33（12）：4094 - 4099.

［185］ Mapanda F，Mangwayana E N，Nyamangara J，et al. The effect of long - term irrigation using wastewater on heavy metal contents of soils under vegetables in Harare，Zimbabwe［J］. Agriculture Ecosystems & Environment，2005，107（2 - 3）：151 - 165.

［186］ 何江涛，金爱芳，陈素暖，等. 北京东南郊再生水灌区土壤 PAHs 污染特征［J］. 农业环境科学学报，2010，29（4）：666 - 673.

［187］ Chefetz B，Mualem T，Ben - Ari J. Sorption and mobility of pharmaceutical compounds in soil irrigated with reclaimed wastewater［J］. Chemosphere，2008，73（8）：1335 - 1343.

［188］ Li Z，Xiang X，Li M，et al. Occurrence and risk assessment of pharmaceuticals and personal care products and endocrine disrupting chemicals in reclaimed water and receiving groundwater in China［J］. Ecotoxicology & Environmental Safety，2015，119：74 - 80.

［189］ Rodriguez - Mozaz Sara，Ricart Marta，Koeck - Schulmeyer Marianne，et al. Pharmaceuticals and pesticides in reclaimed water：Efficiency assessment of a microfiltration - reverse osmosis（MF - RO）pilot plant［J］. Journal of Hazardous Materials，2015，282（SI）：165 - 173.

［190］ Parsons L R，Wheaton T A，Castle W. S. High application rates of reclaimed water benefit citrus tree growth and fruit production［J］. Hortscience，2001，36（7）：1273 - 1277.

［191］ Parsons L R，Sheikh B，Holden R，et al. Reclaimed water as an alternative water source for crop irrigation［J］. Hortscience，2010，

45 (11)：1626 – 1629.

[192] 郭魏. 再生水灌溉对氮素生物有效性影响的微生物机制 [D]. 北京：中国农业科学院，2016.

[193] 彭致功，杨培岭，任树梅. 再生水灌溉水分处理对草坪生理生化特性及质量的影响 [J]. 农业工程学报，2006，22 (4)：48 – 52.

[194] Evanylo G, Ervin E, Zhang X Z. Reclaimed water for turfgrass irrigation [J]. Water, 2010, 2：685 – 701.

[195] 陈卫平，吕斯丹，张炜铃，等. 再生 (污) 水灌溉生态风险与可持续利用 [J]. 生态学报，2014，34 (1)：163 – 172.

[196] Lyu S, Chen W, Zhang W, et al. Wastewater reclamation and reuse in China：Opportunities and challenges [J]. Journal of Environmental Sciences, 2016, 39：86 – 96.

[197] Lyu S, Chen W. Soil quality assessment of urban green space under long – term reclaimed water irrigation [J]. Environmental Science and Pollution Research International, 2016, 23 (5)：4639 – 4649.

[198] Batarseh Mufeed I, Rawajfeh Aiman, Ioannis Kalavrouziotis K, et al. Treated municipal wastewater irrigation impact on Olive Trees (Olea Europaea L.) at Al – Tafilah, Jordan [J]. Water Air & Soil Pollution, 2011, 217 (1 – 4)：185 – 196.

[199] 仇付国，王敏. 城市污水再生利用化学污染物健康风险评价 [J]. 环境科学与管理，2007，32 (2)：186 – 188.

[200] Tanaka H, Asano T, Schroeder E D, et al. Estimating the safety of wastewater reclamation and reuse using enteric virus monitoring data [J]. Water Environment Research, 1998, 70 (1)：39 – 51.

[201] Sheikh B, Cooper R C, Israel K E. Hygienic evaluation of reclaimed water used to irrigate food crops—A case study [J]. Water Science and Technology, 1999, 40 (4 – 5)：261 – 267.

[202] Rose J B, Gerba C P. Assessing potential health risks from viruses and parasites in reclaimed water in Arizona and Florida, USA. [J]. Water Science and Technology, 1991, 23 (10 – 12)：2091 – 2098.

[203] Qin Qin, Chen Xijuan, Zhuang Jie. The fate and impact of pharmaceuticals and personal care products in agricultural soils irrigated with reclaimed water [J]. Critical Reviews in Environmental Science and Technology, 2015, 45 (13)：1379 – 1408.

[204] 郝杰，常智慧，段小春. 草坪再生水灌溉挥发性有机物健康风险研究

[J]. 草原与草坪，2016，36（3）：60 - 66.

[205] Marinho L Ede O，Coraucci F B，Roston D M，et al. Evaluation of the productivity of irrigated Eucalyptus grandis with reclaimed wastewater and effects on soil [J]. Water，Air，and Soil Pollution，2014，225（1）：1830.

[206] Wang C C，Niu Z G，Zhang Y. Health risk assessment of inhalation exposure of irrigation workers and the public to trihalomethanes from reclaimed water in landscape irrigation in Tianjin，North China [J]. Journal of Hazardous Materials，2013，262：179 - 188.

[207] Aina Oluwajinmi Daniel，Ahmad Farrukh. Carcinogenic health risk from trihalomethanes during reuse of reclaimed water in coastal cities of the Arabian Gulf [J]. Journal of Water Reuse & Desalination，2013，3（2）：175 - 184.

[208] Sun Y，Huang H，Sun Y，et al. Ecological risk of estrogenic endocrine disrupting chemicals in sewage plant effluent and reclaimed water. [J]. Environmental Pollution，2013，180（3）：339 - 344.

[209] Niu Zhiguang，Xue Zang，Zhang Ying. Using physiologically based pharmacokinetic models to estimate the health risk of mixtures of trihalomethanes from reclaimed water [J]. Journal of Hazardous Materials，2015，285：190 - 198.

[210] 周媛. 再生水灌溉土壤氮素释放与调控机理研究 [D]. 北京：中国农业科学院，2016.

[211] Li Z，Xiang X，Li M，et al. Occurrence and risk assessment of pharmaceuticals and personal care products and endocrine disrupting chemicals in reclaimed water and receiving groundwater in China [J]. Ecotoxicology & Environmental Safety，2015，119：74 - 80.

[212] Rodriguez - Mozaz Sara，Ricart Marta，Koeck - Schulmeyer Marianne，et al. Pharmaceuticals and pesticides in reclaimed water：Efficiency assessment of a microfiltration - reverse osmosis（MF - RO）pilot plant [J]. Journal of Hazardous Materials，2015，282（SI）：165 - 173.

[213] 唐启义. DPS 数据处理系统：实验设计、统计分析及数据挖掘 [M]. 北京：科学出版社，2010.

[214] 鲍士旦. 土壤农化分析 [M]. 3 版. 北京：中国农业出版社，2000.

[215] 李阜棣，喻子牛，何绍江. 农业微生物学实验技术 [M]. 北京：中国

农业出版社，1996.

[216] Ochman H，Worobey M，Kuo C H，et al. Evolutionary relationships of wild hominids recapitulated by gut microbial communities [J]. PLoS Biology，2010，8.

[217] Caporaso J Gregory，Lauber Christian L，Walters William A，et al. Ultra – high – throughput microbial community analysis on the Illumina HiSeq and MiSeq platforms [J]. ISME Journal，2012，6（8）：1621 – 1624.

[218] Lai JiangShan. Canoco 5：a new version of an ecological multivariate data ordination program [J]. Biodiversity Science，2013，21（6）：765 – 768.

[219] 李合生. 植物生理生化实验原理和技术 [M]. 北京：高等教育出版社，2000.

[220] 李平，齐学斌，樊向阳，等. 分根区交替灌溉对马铃薯水氮利用效率的影响 [J]. 农业工程学报，2009，25（6）：92 – 95.

[221] Sun Y，Huang H，Sun Y，et al. Ecological risk of estrogenic endocrine disrupting chemicals in sewage plant effluent and reclaimed water [J]. Environmental Pollution，2013，180（3）：339 – 344.

[222] 徐国伟，陆大克，刘聪杰，等. 干湿交替灌溉和施氮量对水稻内源激素及氮素利用的影响 [J]. 农业工程学报，2018，34（7）：137 – 146.

[223] Liu Kun，Zhu Yan，Ye Ming，et al. Numerical simulation and sensitivity analysis for nitrogen dynamics under sewage water irrigation with organic carbon [J]. Water Air and Soil Pollution，2018，229（6）.

[224] 云鹏，高翔，陈磊，等. 冬小麦-夏玉米轮作体系中不同施氮水平对玉米生长及其根际土壤氮的影响 [J]. 植物营养与肥料学报，2010，16（3）：567 ~ 574.

[225] 钦绳武，刘芷宇. 土壤-根系微区养分状况的研究 Ⅵ. 不同形态肥料氮素在根际的迁移规律 [J]. 土壤学报，1989，26（2）：117 – 123.

[226] 徐强，程智慧，孟焕文，等. 米线辣椒套作对线辣椒根际、非根际土壤微生物、酶活性和土壤养分的影响 [J]. 干旱地区农业研究，2007，25（3）：94 – 99.

[227] 谢驾阳，王朝辉，李生秀. 施氮对不同栽培模式旱地土壤有机碳氮和供氮能力的影响 [J]. 西北农林科技大学学报（自然科学版），2009，37（11）：187 – 192.

[228] Hinsinger P, Bengough A G, Vetterlein D, et al. Rhizosphere: biophysics, biogeochemistry and ecological relevance [J]. Plant and Soil, 2009, 321 (1-2): 117-152.

[229] 商放泽. 再生水灌溉对深层土壤盐分迁移累积及碳氮转化的影响 [D]. 北京: 中国农业大学, 2016.

[230] 吕国红, 周广胜, 赵先丽, 等. 土壤碳氮与土壤酶相关性研究进展 [J]. 辽宁气象, 2005 (2): 6-8.

[231] 单晓雨, 张萌, 郑平. Nar与Nxr: 氮素循环中微生物关键酶研究进展 [J]. 科技通报, 2016, 32 (07): 202-206.

[232] 边雪廉, 赵文磊, 岳中辉, 等. 土壤酶在农业生态系统碳、氮循环中的作用研究进展 [J]. 中国农学通报, 2016, 32 (04): 171-178.

[233] 何艺, 谢志成, 朱琳. 不同类型水浇灌对已污染土壤酶及微生物量碳的影响 [J]. 农业环境科学学报, 2008, 27 (6): 2227-2232.

[234] 周玲玲, 孟亚利, 王友华, 等. 盐胁迫对棉田土壤微生物数量与酶活性的影响 [J]. 水土保持学报, 2010, 24 (2): 241-246.

[235] 周媛, 齐学斌, 李平, 等. 再生水灌溉年限对设施土壤酶活性的影响 [J]. 灌溉排水学报, 2016, 35 (1): 22-26.

[236] 符建国, 贾志红, 沈宏. 植烟土壤酶活性对连作的响应及其与土壤理化特性的相关性研究 [J]. 安徽农业科学, 2012, 40 (11): 6471-6473.

[237] Vejan P, Abdullah R, Khadiran T, et al. Role of plant growth promoting rhizobacteria in agricultural sustainability—a review [J]. Molecules, 2016, 21 (5): 573.

[238] 王伏伟, 王晓波, 李金才, 等. 施肥及秸秆还田对砂姜黑土细菌群落的影响 [J]. 中国生态农业学报, 2015, 23 (10): 1302-1311.

[239] Chao A. Non-parametric estimation of the number of classes in a population [J]. Scandinavian Journal of Statistics, 1984, 11 (4): 265-270.

[240] 赵彤. 宁南山区植被恢复工程对土壤原位矿化中微生物种类和多样性的影响 [D]. 杨凌: 西北农林科技大学, 2014.

[241] 时鹏, 高强, 王淑平, 等. 玉米连作及其施肥对土壤微生物群落功能多样性的影响 [J]. 生态学报, 2010, 30 (22): 6173-6182.

[242] 侯晓杰, 汪景宽, 李世朋. 不同施肥处理与地膜覆盖对土壤微生物群落功能多样性的影响 [J]. 生态学报, 2007, 27 (2): 655-661.

[243] Hani H, Siegenthaler A, Candinas T. Soil effects due to sewage

sludge application in agriculture [J]. Fertilizer Research，1995，43（1-3）：149-156.

[244] 许光辉，郑洪元，张德生，等.长白山北坡自然保护区森林土壤微生物生态分布及其生化特性的研究 [J]. 生态学报，1984，4（3）：207-223.

[245] 罗培宇.轮作条件下长期施肥对棕壤微生物群落的影响 [D]. 沈阳：沈阳农业大学，2014.

[246] Liu Junjie，Sui Yueyu，Yu Zhenhua，et al. High throughput sequencing analysis of biogeographical distribution of bacterial communities in the black soils of northeast China [J]. Soil Biology & Biochemistry，2014，70（2）：113-122.

[247] Geisseler D，Horwath W R，Joergensen R G，et al. Pathways of nitrogen utilization by soil microorganisms—A review [J]. Soil Biology & Biochemistry，2010，42（12）：2058-2067.

[248] 张嘉超，曾光明，喻曼，等.农业废物好氧堆肥过程因子对细菌群落结构的影响 [J]. 环境科学学报，2010，30（5）：1002-1010.

[249] Jones Ryan T，Robeson Michael S，Lauber Christian L，et al. A comprehensive survey of soil acidobacterial diversity using pyrosequencing and clone library analyses [J]. ISME Journal，2009，3（4）：442-453.

[250] Lauber Christian L，Strickland Michael S，Bradford Mark A，et al. The influence of soil properties on the structure of bacterial and fungal communities across land-use types [J]. Soil Biology & Biochemistry，2008，40（9）：2407-2415.

[251] Vesela A B，Franc M，Pelantova H，et al. Hydrolysis of benzonitrile herbicides by soil actinobacteria and metabolite toxicity [J]. Biodegradation，2010，21（5）：761-770.

[252] Guo Yihong，Gong Huili，Guo Xiaoyu. Rhizosphere bacterial community of Typha angustifolia L. and water quality in a river wetland supplied with reclaimed water [J]. Applied Microbiology and Biotechnology，2015，99（6）：2883-2893.

[253] 王伟，于兴修，刘航，等.农田土壤氮矿化研究进展 [J]. 中国水土保持，2016（10）：67-71.

[254] 李贵才，韩兴国，黄建辉，唐建维.森林生态系统土壤氮矿化影响因素研究进展 [J]. 生态学报，2001（07）：1187-1195.

［255］ 赵长盛，胡承孝，黄魏．华中地区两种典型菜地土壤中氮素的矿化特征研究［J］．土壤，2013，45（1）：41-45.

［256］ 田茂洁．土壤氮素矿化影响因子研究进展［J］．西华师范大学学报（自然科学版），2004，25（3）：298-303.

［257］ 王媛，周建斌，杨学云．长期不同培肥处理对土壤有机氮组分及氮素矿化特性的影响［J］．中国农业科学，2010，43（6）：1173-1180.

［258］ 赵伟，梁斌，周建斌．长期不同施肥处理对土壤氮素矿化特性的影响［J］．西北农林科技大学学报（自然科学版），2017，45（2）：177-181.

［259］ 包翔，包秀霞，刘星岑．施氮量对大兴安岭白桦次生林土壤氮矿化的影响［J］．东北林业大学学报，2015，43（7）：78-83.

［260］ Fang Hua, Mo Jiangming, Peng Shaolin, et al. Cumulative effects of nitrogen additions on litter decomposition in three tropical forests in southern China ［J］. Plant & Soil, 2007, 297 (1/2)：233-242.

［261］ Xiang Shurong, Doyle Allen, Holden Patricia A, et al. Drying and rewetting effects on C and N mineralization and microbial activity in surface and subsurface California grassland soils ［J］. Soil Biology & Biochemistry, 2008, 40 (9)：2281-2289.

［262］ Carpenter-Boggs L, Pikul J L, Vigil M F, et al. Soil nitrogen mineralization influenced by crop rotation and nitrogen fertilization ［J］. Soil Science Society of America Journal, 2000, 64 (6)：2038-2045.

［263］ Fan Mingsheng, Shen Jianbo, Yuan Lixing, et al. Improving crop productivity and resource use efficiency to ensure food security and environmental quality in China ［J］. Journal of Experimental Botany, 2012, 63 (1)：13-24.

［264］ Westgate P J, Park C. Evaluation of proteins and organic nitrogen in wastewater treatment effluents ［J］. Environmental Science & Technology, 2010, 44 (14)：5352-5357.

［265］ 郭逍宇，董志，宫辉力．再生水灌溉对草坪土壤微生物群落的影响［J］．中国环境科学，2006，26（4）：482-485.

［266］ 欧阳媛，王圣瑞，金相灿，等．外加氮源对滇池沉积物氮矿化影响的研究［J］．中国环境科学，2009，29（8）：879-884.

［267］ 王小晓，黄平，吴胜军，等．土壤氮矿化动力学模型研究进展［J］．世界科技研究与发展，2017，39（2）：164-173.

［268］ Stanford G, Smith S J. Nitrogen mineralization potentials of soils

[J]. Soil Science Society of America Journal，1972，36（3）：465－472.

[269] Moreno－Cornejo J，Zornoza R，Faz A，et al. Effects of pepper crop residues and inorganic fertilizers on soil properties relevant to carbon cycling and broccoli production [J]. Soil Use & Management，2013，29（4）：519－530.

[270] Kolberg R L，Rouppet B，Westfall D G，et al. Evaluation of an In Situ net soil nitrogen mineralization method in dryland agroecosystems [J]. Soil Science Society of America Journal，1997，61（2）：504－508.

[271] Camargo Flávio Anastácio De Oliveira，Gianello Clesio，Tedesco Marino José，et al. Empirical models to predict soil nitrogen mineralization [J]. Ciencia Rural，2002，32（03）：393－399.

[272] Ellert B H，Bettany J R. Temperature dependence of net nitrogen and sulfur mineralization [J]. Soil Science Society of America Journal，1992，56（4）：1133－1141.

[273] 李文军，杨奇勇，杨基峰，等. 长期施肥下洞庭湖水稻土氮素矿化及其温度敏感性研究 [J]. 农业机械学报，2017，48（11）：261－270.

[274] Gestel M Van，Ladd J N，Amato M. Carbon and nitrogen mineralization from two soils of contrasting texture and microaggregate stability：Influence of sequential fumigation，drying and storage [J]. Soil Biology & Biochemistry，1991，23（4）：313－322.

[275] Lu S B，Shang Y Z，Liang P，et al. The effects of rural domestic sewage reclaimed water drip irrigation on characteristics on rhizosphere soil [J]. Applied Ecology and Environmental Research，2017，15（4）：1145－1155.

[276] 巨晓棠，李生秀. 土壤氮素矿化的温度水分效应 [J]. 植物营养与肥料学报，1998，4（1）：37－42.

[277] Martínez S，Suay R，Moreno J，et al. Reuse of tertiary municipal wastewater effluent for irrigation of Cucumis melo L. [J]. Irrigation Science，2013，31（4）：661－672.

[278] 杨景成，韩兴国，黄建辉，等. 土壤有机质对农田管理措施的动态响应 [J]. 生态学报，2003，23（4）：787－796.

[279] Li Ping，Hu Chao，Qi Xuebin，et al. Effect of reclaimed municipal wastewater irrigation and nitrogen fertilization on yield of tomato and nitrogen economy [J]. Bangladesh Journal of Botany，2015，44S（5）：699－708.

［280］ Contreras S，Perez - Cutillas P，Santoni C S，et al. Effects of Reclaimed Waters on Spectral Properties and Leaf Traits of Citrus Orchards ［J］. Water Environment Research，2014，86 (11)：2242 - 2250.

［281］ 骆亦其，周旭辉. 土壤呼吸与环境 ［M］. 北京：高等教育出版社，2007.

［282］ Li Ping，Zhang Jianfeng，Qi Xuebin，et al. The responses of soil function to reclaimed water irrigation changes with soil depth ［J］. Desalination and Water Treatment，2018，122：100 - 105.

［283］ Zhang Shichao，Yao Hong，Lu Yintao，et al. Reclaimed water irrigation effect on agricultural soil and maize (Zea mays L.) in northern China ［J］. Clean - Soil Air Water，2018，46 (4).

［284］ Al - Khamisi S A，Al - Wardy M，Ahmed M，et al. Impact of reclaimed water irrigation on soil salinity, hydraulic conductivity, cation exchange capacity and macro - nutrients ［J］. Journal of Agricultural and Marine Sciences，2016，21 (1)：8 - 18.

［285］ Cevik Fatma，Goksu Munir Ziya Lugal，Derici Osman Baris，et al. An assessment of metal pollution in surface sediments of Seyhan dam by using enrichment factor, geoaccumulation index and statistical analyses ［J］. Environmental Monitoring and Assessment，2009，152 (1 - 4)：309 - 317.

［286］ Ghrefat Habes A，Abu - Rukah Yousef，Rosen Marc A. Application of geoaccumulation index and enrichment factor for assessing metal contamination in the sediments of Kafrain Dam, Jordan ［J］. Environmental Monitoring and Assessment，2011，178 (1 - 4)：95 - 109.

［287］ Loska K，Cebula J，Pelcza R J，et al. Use of enrichment, and contamination factors together with geoaccumulation indexes to evaluate the content of Cd，Cu，and Ni in the Rybnik water reservoir in Poland ［J］. Water Air and Soil Pollution，1997，93 (1 - 4)：347 - 365.

［288］ 王晓钰，李飞. 农用土壤重金属多受体健康风险评价模型及实例应用 ［J］. 环境工程，2014，32 (1)：120 - 125.

［289］ 段小丽. 暴露参数的研究方法及其在环境健康风险评价中的应用 ［M］. 北京：科学出版社，2012.

［290］ 仇付国. 城市污水再生利用健康风险评价理论与方法研究 ［D］. 西安：西安建筑科技大学，2004.

［291］ Valentin J. Basic anatomical and physiological data for use in radiological protection: reference values: ICRP Publication 89 [J]. Annals of the Icrp, 2016, 32 (3): 1 – 277.

[292] 蔡宣梅，张秋芳，郑伟文. VA 菌根菌与重氮营养醋杆菌双接种对超甜玉米生长的影响 [J]. 福建农业学报，2004，19 (3)：156 – 159.

[293] 陈春瑜，和树庄，胡斌，等. 土地利用方式对滇池流域土壤养分时空分布的影响 [J]. 应用生态学报，2012，23 (10)：2677 – 2684.

[294] 程先军，许迪. 碳含量对再生水灌溉土壤氮素迁移转化规律的影响 [J]. 农业工程学报，2012，28 (14)：85 – 90.

[295] 樊晓刚，金轲，李兆君，等. 不同施肥和耕作制度下土壤微生物多样性研究进展 [J]. 植物营养与肥料学报，2010，16 (3)：744 – 751.

[296] 龚雪，王继华，关健飞，等. 再生水灌溉对土壤化学性质及可培养微生物的影响 [J]. 环境科学，2014，35 (9)：3572 – 3579.

[297] 郭道宇，董志，宫辉力，等. 再生水对作物种子萌发、幼苗生长及抗氧化系统的影响 [J]. 环境科学学报，2006，26 (8)：1337 – 1342.

[298] 韩烈保，周陆波，甘一萍，等. 再生水灌溉对草坪土壤微生物的影响 [J]. 北京林业大学学报，2006，28 (S1)：73 – 77.

[299] 何飞飞，任涛，陈清，等. 日光温室蔬菜的氮素平衡及施肥调控潜力分析 [J]. 植物营养与肥料学报，2008，14 (4)：692 – 699.

[300] 何亚婷，齐玉春，董云社，等. 外源氮输入对草地土壤微生物特性影响的研究进展 [J]. 地球科学进展，2010，25 (8)：877 – 885.

[301] 李博，徐炳声，陈家宽. 从上海外来杂草区系剖析植物入侵的一般特征 [J]. 生物多样性，2001，9 (4)：446 – 457.

[302] 李刚，王丽娟，李玉洁，等. 呼伦贝尔沙地不同植被恢复模式对土壤固氮微生物多样性的影响 [J]. 应用生态学报，2013，24 (6)：1639 – 1646.

[303] 李慧，陈冠雄，杨涛，等. 沈抚灌区含油污水灌溉对稻田土壤微生物种群及土壤酶活性的影响 [J]. 应用生态学报，2005，16 (7)：1355 – 1359.

[304] 李昆，魏源送，王健行，等. 再生水回用的标准比较与技术经济分析 [J]. 环境科学学报，2014，34 (7)：1635 – 1653.

[305] 李平，樊向阳，齐学斌，等. 加氯再生水交替灌溉对土壤氮素残留和马铃薯大肠菌群影响 [J]. 中国农学通报，2013a，29 (7)：82 – 87.

[306] 梁启新，康轩，黄景，等. 保护性耕作方式对土壤碳、氮及氮素矿化菌的影响研究 [J]. 广西农业科学，2010，41 (1)：47 – 51.

[307] 陆卫平，张炜铃，潘能，等. 再生水利用的生态风险研究进展 [J].

环境科学，2012，33（12）：4070-4080.

[308] 马闯，杨军，雷梅，等.北京市再生水灌溉对地下水的重金属污染风险[J].地理研究，2012，31（12）：2250-2258.

[309] 马栋山，郭羿宏，张琼琼，等.再生水补水对河道底泥细菌群落结构影响研究[J].生态学报，2015，35（20）：1-10.

[310] 马丽萍，张德罡，姚拓，等.高寒草地不同扰动生境纤维素分解菌数量动态研究[J].草原与草坪，2005，1：29-33.

[311] 秦华，林先贵，陈瑞蕊，等.DEHP对土壤脱氢酶活性及微生物功能多样性的影响[J].土壤学报，2005，42（5）：829-834.

[312] 史青，柏耀辉，李宗逊，等.应用T-RFLP技术分析滇池污染水体的细菌群落[J].环境科学，2011，32（6）：1786-1792.

[313] 栗岩峰，李久生，赵伟霞，等.再生水高效安全灌溉关键理论与技术研究进展[J].农业机械学报，2015（3）：1-11.

[314] 许光辉，郑洪元，张德生，等.长白山北坡自然保护区森林土壤生物生态分布及其生化特性的研究[J].生态学报，1984，4（3）：207-223.

[315] 杨金忠，Jayawardane N，Blackwell J，等.污水灌溉系统中氮磷转化运移的试验研究[J].水利学报，2004（4）：72-79.

[316] 于淑玲.河北省临城县小天池林区被子植物区系研究[J].西北农林科技大学学报，2006，34（7）：72-76.

[317] 詹媛媛，薛梓瑜，任伟，等.干旱荒漠区不同灌木根际与非根际土壤氮素的含量特征[J].生态学报，2009，29（1）：59-66.

[318] 张晶，张惠文，苏振成，等.长期有机污水灌溉对土壤固氮细菌种群的影响[J].农业环境科学学报，2007，26（2）：662-666.

[319] 张金屯.数量生态学[M].北京：科学出版社，2004.

[320] 张薇，胡跃高，黄国和，等.西北黄土高原柠条种植区土壤微生物多样性分析[J].微生物学报，2007，47（5）：751-756.

[321] 赵忠明，陈卫平，焦文涛，等.再生水灌溉对土壤性质及重金属垂直分布的影响[J].环境科学，2012，33（12）：4094-4099.

[322] Abaidoo R C, Keraita B, Drechsel P, et al. Soil and crop contamination through wastewater irrigation and options for risk reduction in developing countries [J]. Soil biology and agriculture in the tropics. Springer Berlin Heidelberg，2010，21：275-297.

[323] Aiello R, Cirelli G L, Consoli S. Effects of reclaimed wastewater irrigation on soil and tomato fruits: a case study in Sicily (Italy) [J].

Agricultural Water Management, 2007, 93 (1): 65 - 72.

[324] Becerra - Castro C, Lopes A R, Vaz - Moreira I, et al. Wastewater reuse in irrigation, A microbiological perspective on implications in soil fertility and human and environmental health [J]. Environment International, 2015, 75: 117 - 135.

[325] Bixio D, Thoeye C, Wintgens T, et al. Water reclamation and reuse: implementation and management issues [J]. Desalination, 2008, 218 (1): 13 - 23.

[326] Blanchard M, Teil M J, Ollivon D, et al. Origin and distribution of polyaromatic hydrocarbons and polychlorobiphenyls in urban effects to wastewater treatment plants of the Paris area [J]. Water Research, 2001, 35 (15): 3679 - 3687.

[327] Catherine L and Rob K. UniFrac: A new phylogenetic method for comparing microbial communities [J]. Applied and Environmental Microbiology, 2005, 71 (12): 8228 - 8235.

[328] Chen W P, Lu S D, Jiao W T, et al. Reclaimed water: A safe irrigation water source? [J]. Environmental Development, 2013, 8: 74 - 83.

[329] Clegg C D. Impact of cattle grazing and inorganic fertilizer additions to managed grassland on the microbial community composition of soil [J]. Applied Soil Ecology, 2006, 31 (1/2): 73 - 82.

[330] Dimitriu P A, Prescott C E, Quideau S A, et al. Impact of reclamation of surface - mined boreal forest soils on microbial community composition and function [J]. Soil Biology Biochemistry, 2010, 42 (12): 2289 - 2297.

[331] Geisseler D, Scow K M. Long - term effects of mineral fertilizers on soil microorganisms—A review [J]. Soil Biology and Biochemistry, 2014, 75: 54 - 63.

[332] Gharbi L T, Merdy P, Lucas Y. Effects of long - term irrigation with treated waste water. Part II: Role of organic carbon on Cu, Pb and Cr behavior [J]. Applied Geochemistry, 2010, 25 (11): 1711 - 1721.

[333] Gomez E, Martin J, Michel F C. Effects of organic loading rate on reactor performance and archaeal community structure in mesophilic anaerobic digesters treating municipal sewage sludge [J]. Waste Management & Research, 2011, 29: 1117 - 1123.

Abstract

This book aims at the safe use of reclaimed water in agriculture and the protection of ecological environment, which systematically summarizes the research results on the effects of reclaimed water irrigation on facility habitats and crop growth in recent years. This book consists of seven chapters, including introduction, effects of reclaimed water irrigation on soil nitrogen evolution characteristics, soil enzyme activities, soil microbial community structure, crop yield and quality, evolution of facility habitat factors, and simulation of soil nitrogen mineralization process under reclaimed water irrigation. This book plays an important role for the construction of agricultural safe utilization technology of reclaimed water in facility agriculture, which has both theoretical and practical.

This book can be read by a wide range of scientific researchers and engineering technicians in the fields of agriculture, water conservancy, environmental protection and ecology, and also can be used as a reference for teachers, students of relevant majors in colleges and universities.

Contents

"水科学博士文库" 编后语

　　水科学博士是活跃在我国水利水电建设事业中的一支重要力量，是从事水利水电工作的专家群体，他们代表着水利水电科学最前沿领域的学术创新"新生代"。为充分挖掘行业内的学术资源，系统归纳和总结水科学博士科研成果，服务和传播水电科技，我们发起并组织了"水科学博士文库"的选题策划和出版。

　　"水科学博士文库"以系统地总结和反映水科学最新成果，追踪水科学学科前沿为主旨，既面向各高等院校和研究院，也辐射水利水电建设一线单位，着重展示国内外水利水电建设领域高端的学术和科研成果。

　　"水科学博士文库"以水利水电建设领域的博士的专著为主。所有获得博士学位和正在攻读博士学位的在水利及相关领域从事科研、教学、规划、设计、施工和管理等工作的科技人员，其学术研究成果和实践创新成果均可纳入文库出版范畴，包括优秀博士论文和结合新近研究成果所撰写的专著以及部分反映国外最新科技成果的译著。获得省、国家优秀博士论文奖和推荐奖的博士论文优先纳入出版计划，择优申报国家出版奖项，并积极向国外输出版权。

　　我们期待从事水科学事业的博士们积极参与、踊跃投稿（邮箱：lw@waterpub.com.cn），共同将"水科学博士文库"打造成一个展示高端学术和科研成果的平台。

中国水利水电出版社

水利水电出版分社

2018 年 4 月